Anna Kistler / Stefanie Schneider

Rechnen ohne Stolperstein

Band 2A

Zahlenraum 7 bis 10

Arbeitsheft / Fördermaterial

Cornelsen

Redaktion: Sabine Müthing, Castrop-Rauxel
Umschlagillustration und Illustration: Kristina Klotz, München
Umschlaggestaltung: Corinna Babylon, Berlin
Technische Umsetzung: LemmeDESIGN

www.cornelsen.de

2. Auflage, 3. Druck 2024

Druck: H. Heenemann, Berlin

ISBN 978-3-589-15985-7

PEFC
PEFC/04-31-1156

PEFC zertifiziert
Dieses Produkt stammt aus nachhaltig bewirtschafteten Wäldern und kontrollierten Quellen.

www.pefc.de

Inhaltsverzeichnis

Vorbemerkungen

Die Gesetzmäßigkeiten der Mathematik eignen sich hervorragend zum eigenen Entdecken. Die Darbietung des Unterrichtsstoffes in Schulbüchern bietet Kindern mit Schwierigkeiten beim Rechnen aber in der Regel zu wenig Struktur. Damit auch Kinder mit Problemen zum Nachdenken ermutigt werden, müssen Beispiele angeboten werden, die überschaubar sind, sich in Zahlenräumen bewegen, die für die Kinder erfassbar sind, und besondere Schwierigkeiten gesondert thematisieren. Kinder können so ihr Vorwissen aktivieren und auf höhere Zahlenräume übertragen.

Eltern und Lehrkräfte nehmen oft Probleme beim Erlernen des Rechnens nicht wahr, die für Kinder zum Stolperstein werden können. Im numerischen Bereich stolpern viele Kinder beim Übergang vom konkret-anschaulichen zum abstrakten Rechnen. Das Zählen mit den Fingern oder „Rechendrill" helfen da nicht weiter. Mit der Verwendung der Mengenbilder in Zweieranordnung, die sehr einprägsam ist, wird den Kindern eine „Brücke" zur Abstraktion geboten. Ihr abstraktes Denken wird durch anschauliche Mengenbilder unterstützt und geprägt, mit denen sie dann zu „wirklichen" mathematischen Operationen (nicht zum Dazuzählen mit den Fingern etc.) fähig sind. Zudem eignen sich diese Mengenbilder dazu, den erweiterten Zahlenraum in unserem Dezimalsystem auf anschauliche Weise aufzubauen.

Durch die **Zweieranordnung** der Mengen können besondere Schwierigkeiten wie z. B. die Zehnerübergänge anschaulich dargestellt werden. Die Ursprünge der Zweieranordnung gehen auf Kühnel in den Zwanzigerjahren zurück.[1] Die „Formzahlbilder" wurden von Prof. Dr. Schröter erprobt.[2]

Eine weitere Hilfe ist es, jede Menge mit einem einprägsamen **„Standard"** (Margarita Wittoch) zu verbinden, an den sich ein Thema anschließt (z. B. Thema „Spielen" bei der Menge 5 in Anlehnung an den Standard „Hand"). In den höheren Zahlenräumen werden Themen verwendet, die im Unterricht gezielt bei der Einführung eines neuen Lernschritts zum Entdecken durch Handeln anregen sollen.

Auch der **immer gleiche Aufbau der Mengen und Übungsformen** kommt Kindern mit Rechenproblemen entgegen. Er ermöglicht es ihnen, die Aufmerksamkeit innerhalb der einzelnen Lernschritte auf Inhalte zu richten. Sie können so im eigenen Tempo, relativ selbstständig, im Stoff voranschreiten.

In dem vorliegenden Band werden diese Hilfen konsequent eingesetzt.

---

1 Vgl. KÜHNEL, J. (1922): Neubau des Rechenunterrichts, Leipzig (Klinkhardt)

2 Vgl. SCHRÖTER, G. (1989): Mathematik in der Grundschule – Die Methode der Formzahlbilder, Regensburg (Wolf)

Ausgewählte weiterführende Literatur

ABELE, A.; KALMBACH, H. u. a. (1993): Handbuch der Grundschulmathematik. 1. und 2. Schuljahr. Stuttgart

ASTER, M. v.; LORENZ, J. H. (Hrsg.) (2005): Rechenstörungen bei Kindern. Göttingen (Vandenhoek & Ruprecht)

DIMIDI – Deutsches Institut für medizinische Dokumentation und Information (Hrsg.) (1994)

FRITZ, A.; RICKEN, G.; SCHMIDT, S. (Hrsg.) (2003): Rechenschwäche. Weinheim, Basel, Berlin (Betz)

GANSER, B. (Hrsg.) (1995): Rechenstörungen (1. Aufl.). Donauwörth (Auer)

GANSER, B. (Hrsg.) (2004): Rechenstörungen (5. überarb. Aufl.). Donauwörth (Auer)

GERSTER, H.-D. (1982): Schülerfehler bei schriftlichen Rechenverfahren. Freiburg (Herder)

GRISSEMANN, H.; WEBER, A. (1990): Grundlagen der Praxis der Dyskalkulietherapie. Stuttgart (Huber)

ICD-10, Internationale statistische Klassifikation der Krankheiten und verwandter Gesundheitsprobleme. Bd. 1. Stand August 1994. Bern (Huber), S. 387.

KÜHNEL, J. (1922): Neubau des Rechenunterrichts. Leipzig (Klinkhardt)

LORENZ, J. H.; RADATZ, H. (1993): Handbuch des Förderns im Mathematikunterricht. Hannover (Schroedel)

SCHRÖTER, G. (1989): Mathematik in der Grundschule – Die Methode der Formzahlbilder, Regensburg (Wolf)

Hinweise zur Arbeit mit Band 2A und 2B

Da Handlungen Voraussetzungen für das Verständnis des symbolischen und abstrakten Rechnens sind, haben wir für alle Mengen je ein Thema aus dem Erfahrungsbereich der Kinder ausgewählt. Mit diesem lassen sich mit wenig Aufwand vielfältige Spielsituationen schaffen, in denen die Kinder mathematische Strukturen erkennen können. Zudem wirken diese Situationen als Anker, die ein späteres Abrufen erleichtern (vgl. auch Wittochs Standards).

In unserem Dezimalsystem ist es von entscheidender Bedeutung, im Mengenbereich bis 10 sicher zu sein. Alle weiteren Zahlenräume lassen sich analog erschließen. Das Zerlegen und Ergänzen der Mengen bis 10 ist die wichtige Voraussetzung für die Durchführung des Zehnerübergangs. Kinder mit besonders großen Problemen sind mit dem Zerlegen bzw. Ergänzen in Form von Gleichungen oft überfordert. Deshalb verzichten wir zu Beginn jeder Menge auf Gleichungen. Das Zerlegen als Handlung dient hier der Festigung des Zahlenraums.

Das Lösen von Sachaufgaben ist für einige Kinder kaum zu bewältigen. Eine mögliche Strukturierungshilfe ist die Anwendung der bereits bei der Serialion verwendeten Verbalisierung in Verbindung mit Platzhaltern für die zu notierende Gleichung.

5	+	3	=	8
Wie viele sind am Anfang da?		Was passiert?		Wie viele sind es am Schluss?

Anhand von spielbaren Beispielen können die Kinder selbst herausfinden, welche mathematischen Operationen dargestellt werden. „Rechnen ohne Stolperstein“ beschränkt sich hier auf wenige ausgewählte Beispiele, deren Prinzipien durch vielfältige Handlungen im Unterricht überprüft werden können.

Beispiel zur Menge 8: Thema Geburtstagsfeier: 5 verpackte Geschenke stehen schon auf einem Tisch, 3 Kinder kommen noch mit je einem Geschenk dazu, Gleichung wird notiert (5 + 3 = 8).

In Band 2B werden Grundlagen für das Verständnis des Dezimalsystems gelegt. Die Begriffe Zehner („volle Zehner-Schachteln“) und Einer müssen durch vielfältige Handlung gesichert werden. Beim Thema „Schule“ lassen sich zahlreiche Materialien hierfür finden (z. B. 10er-Packungen Filzstifte). Auch sollten rechenschwache Kinder nur Zehner bündeln, andere Mengenbündel verwirren unserer Erfahrung nach. Die Farbhilfe (Zehner rot, Einer blau) unterstützt dies und beugt Schwierigkeiten beim richtigen Schreiben der Zahlen vor.[3]

Weiterhin zentral ist im Zahlenraum bis 20 die erste Begegnung mit dem Zehnerübergang, der hier verstanden werden muss und später auf komplexere Aufgaben übertragen wird. Nach Handlung an konkreten Materialien bieten die Rechenplättchen eine sehr anschauliche, klare Form der Vermittlung. Eine immer gleichbleibende Verbalisierung unterstützt das Verständnis (z. B. Wie viele innen, wie viele außen?). Zur Orientierung bei der Zerlegung haben wir die sogenannte Zehner-Schachtel als rot zu malenden Rahmen in die Notation aufgenommen.

Der Band enthält auch Anregungen, wie Kinder verschiedene Rechenwege finden können (z. B. „Zehnertrick“). Anspruchsvollere Aufgaben, in denen das mathematische Verständnis der Mengen

[3] Vgl. „visuell-arabisches Modul“ des „Triple Code Modells“ nach DEHAENE, beschrieben in: ASTER, M. v.; LORENZ, J. H. (Hrsg.) (2005): Rechenstörungen bei Kindern. Göttingen (Vandenhoek & Ruprecht)

und ihrer Teile besonders wichtig ist, wurden u. a. mit den sogenannten Denk- und Umkehraufgaben eingefügt. Als Abrufhilfe für die Kinder haben wir Symbole gewählt, die sich auf die jeweilige Einführungssituation beziehen, z. B. überkreuzte Hände bei den Tauschaufgaben.

„Rechnen ohne Stolperstein“ bietet den Kindern viele Anlässe, den Unterrichtsstoff durch eigene Aktivität zu durchdringen und zu vernetzen. Durch die Beibehaltung der Begrenzung von Zahlenräumen (Mengen bis 6, 7, ... ZR bis 20 ...) können auch Kinder mit Rechenproblemen Sicherheit gewinnen und eigene, sinnvolle Rechenstrategien entwickeln.

Rechnen mit den „Drei Freundinnen“[4] (Teile-Ganzes-Rechnen)

Teile-Ganzes-Rechnen erleichtert den Kindern das Lösen von Gleichungen. Um das Ganze für die Kinder anschaulich zu gestalten, verwenden wir das Bild von drei Freundinnen bzw. von drei Freunden, die zusammengehören.

Beispiel: Freundinnen-Aufgaben mit den Zahlen **8** / 5 / 3

Mit diesen drei Zahlen
können Gleichungen erstellt werden:

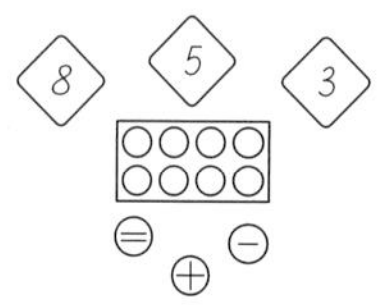

3 + 5 = **8** □○□○□
5 + 3 = **8** □○□○□

8 – 3 = 5 □○□○□
8 – 5 = 3 □○□○□

8 = 3 + 5 □○□○□
8 = 5 + 3 □○□○□

Es gibt in jeder Gleichung eine große Freundin (hier die **8**) und zwei kleine Freundinnen (hier 3 und 5).

Hierbei wird deutlich, dass
- bei **Plusaufgaben** die große Freundin immer hinten steht,
- bei **Minusaufgaben** die große Freundin immer vorn steht,
- beim **Zerlegen** die große Freundin immer vorn steht.

Die Kontrolle erfolgt über das Legen mit Plättchen.

Bei der Lösung müssen die Kinder folgende Fragen klären:
1. Was passiert (plus, minus oder zerlegen)?
2. Wo ist die große Freundin?
3. Welche Freundin fehlt?

Das **Ergänzen** als schwierige Platzhalteraufgabe (im Beispiel: 3 + □ = 8) wird eine Plusrechnung (die kleine Freundin 5 fehlt).

[4] In den Arbeitsblättern werden beide Geschlechterformen im Wechsel eingesetzt. In den Erläuterungen zu diesem Aufgabentyp wird zugunsten einer besseren Lesbarkeit nur die weibliche Form benutzt.

Hinweise zum Umgang mit den Rechenplättchen

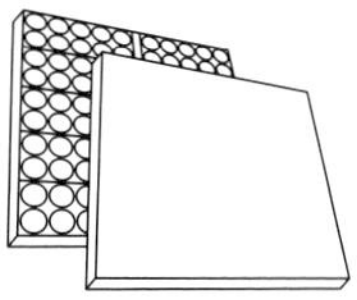

Zu „Rechnen ohne Stolperstein“ gibt es strukturiertes Rechenmaterial („Rechenplättchen“, ISBN 978-3-87101-496-3), das die Kinder beim Lernen unterstützt. Es folgen nun einige Hinweise zum Einsatz dieser Rechenplättchen:

Dem Einsatz der Rechenplättchen müssen konkrete Handlungen aus dem Erfahrungsbereich der Kinder vorausgehen. Besonders bei jedem neuen Rechenschritt sollte konkret gehandelt werden. Anregungen hierzu finden sich in den Einführungen der Rechenhefte, z. B. das Thema „Die sieben Zwerge“ bei der Zahl 7.

Addition:
Eine neue Menge entsteht durch Zusammenschieben zweier Plättchen. Sie werden so aneinander gelegt, dass bei der Summe die Gestalt der Zweieranordnung erhalten bleibt.

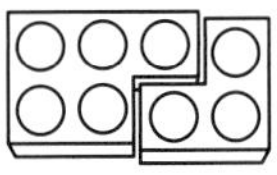

5 + 3

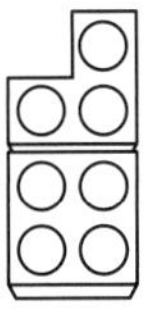

4 + 3

Subtraktion:
Die Ausgangsmenge wird mit Plättchen gelegt. Die Menge, die abgezogen werden soll, wird mit der jeweiligen Minusfolie (auf diese Weise bleibt die Gleichung ersichtlich) oder mit dem entsprechenden Plättchen abgedeckt.

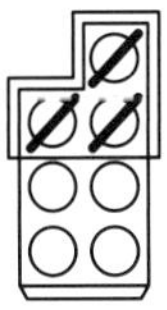

4 – 3

Zerlegen:
Die Ausgangsmenge wird mit Plättchen gelegt. Die vorgegebene Teilmenge wird mit einer Bleischnur, einem Stift, einem Band o. Ä. abgetrennt, die Zerlegung in zwei Mengen wird sichtbar. Die Zerlegungsmöglichkeiten der Mengen bis 9 sind wichtige Voraussetzungen für den Zehnerübergang!

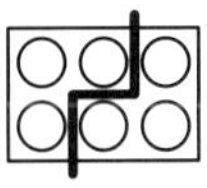

6 = 3 + 3

Zum Rechnen bis 20
Zehner-Schachtel: Sie symbolisiert die Bündelung des Zehners, unterstützt durch die Signalfarbe Rot („Deckel zu – Zehner voll“). Operationen ohne Zehnerübergang: Siehe oben, Zahlen bis 10, jedoch mit gefüllter Zehnerschachtel und Einern.

Zehnerübergang ⊕
In die offene Zehnerschachtel wird die Ausgangsmenge (1. Summand) gelegt. Die zu addierende Menge (2. Summand) kommt zur Ausgangsmenge in die Zehnerschachtel. Es wird ersichtlich, in welche Teilmengen der 2. Summand zerlegt werden muss. Die Zehnerschachtel wird aufgefüllt, der Deckel geschlossen, die Restmenge außen dazugelegt („Wie viele innen, wie viele außen?“). Meist genügt es aber, den zweiten Summanden dazuzulegen, durch das Überstehen wird die Restmenge ersichtlich.

9 + 3

Zehnerübergang ⊖
Die Ausgangsmenge (Minuend) wird mit Zehner-Schachtel und Einer-Plättchen gelegt. Zehner-Schachtel und Einer werden direkt aneinander geschoben. Die Menge, die abgezogen werden soll (Subtrahend), wird mit der Minusfolie (oder dem entsprechenden Plättchen) abgedeckt. Die Schachtel muss hierzu geöffnet werden. Die Subtraktion in zwei Schritten wird deutlich („Wie viele außen, wie viele innen? Wie viele bleiben übrig?“). Im Fall ungerade minus gerade Zahl kann der Subtrahend zerlegt werden oder der nicht erfasste Einer wird in der Schachtel mit dem Finger abgedeckt. Diese Aufgaben sollten jedoch nicht bei der ersten Begegnung mit diesem Thema benutzt werden!

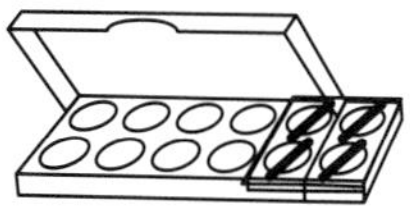

12 – 4

Für Kinder mit sehr großen Verständnisschwierigkeiten sollten die Zehnerübergänge bei Zerleg- und Ergänzungsaufgaben nicht thematisiert werden!

Zehnerübergang Zerlegen
Die Ausgangsmenge wird mit Plättchen gelegt. Um die gegebene Teilmenge mit der Bleischnur abtrennen zu können, muss die Zehner-Schachtel geöffnet werden. Deutlich zu sehen ist, wie sich die zweite Teilmenge zusammensetzt („Wie viele innen, wie viele außen?").

Allgemeine Hinweise:
Äußere Ordnung ist eine wichtige Orientierungshilfe beim Rechnen:

- Zu Beginn jeder Rechenstunde sollten die Plättchen geordnet auf dem Arbeitstisch/-teppich liegen.

- In die grüne Schachtel (Hunderter-Schachtel) geordnet, ergeben immer zwei Mengen 10 (1/9, 2/8, 3/7 usw.).

- Der Deckel der Hunderter-Schachtel kann als Arbeitsbegrenzung (Legefläche) für die aktuelle Aufgabe benutzt werden.

Weitere Informationen und Materialien, insbesondere zahlreiche Rechenspiele, finden Sie auf der Webseite: *www.rechnen-ohne-stolperstein.de*

Die 7 Zwerge

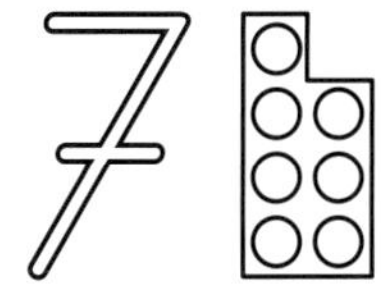

Mengenbildung

Male nur aus, was für alle Zwerge reicht!

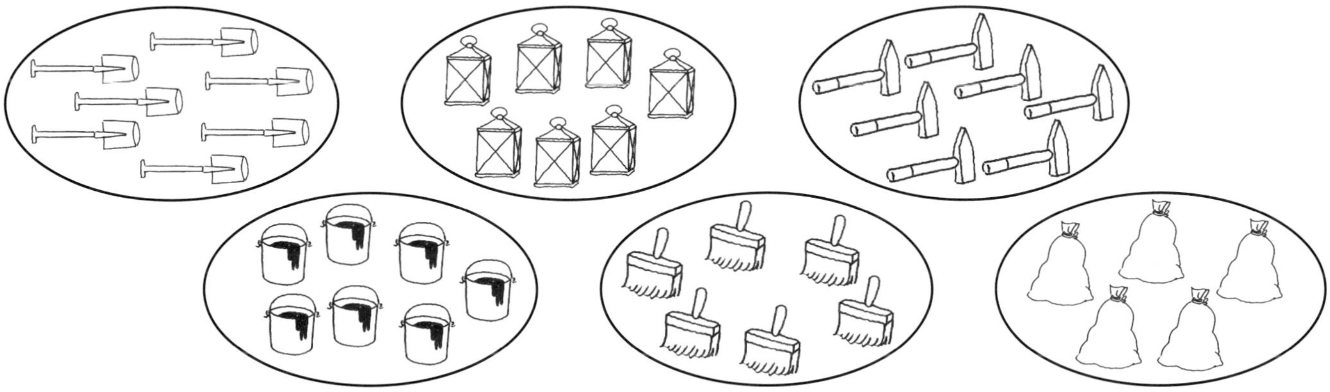

Kreise immer 7 Mützen ein!

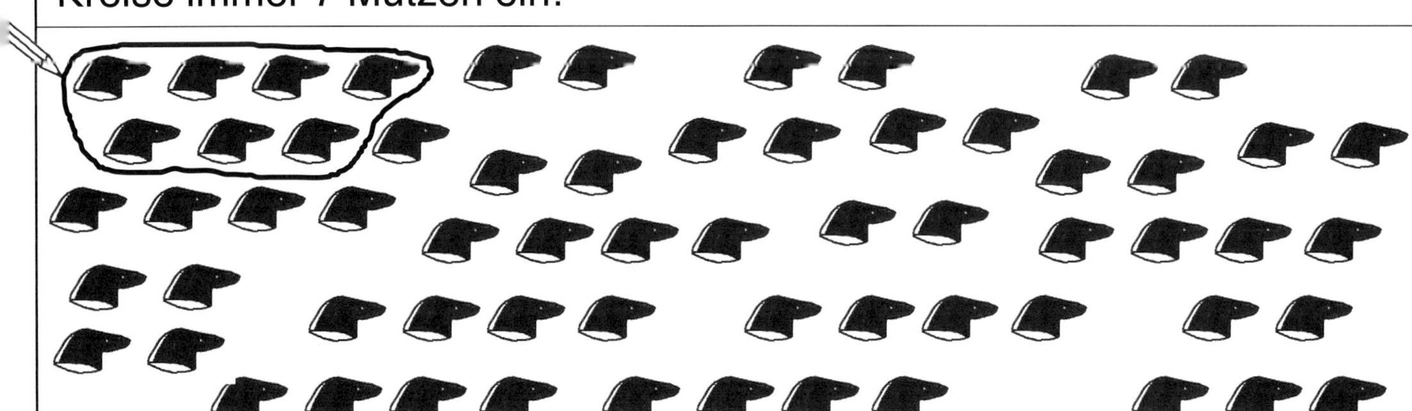

Male immer 7 Dinge in die Teller!

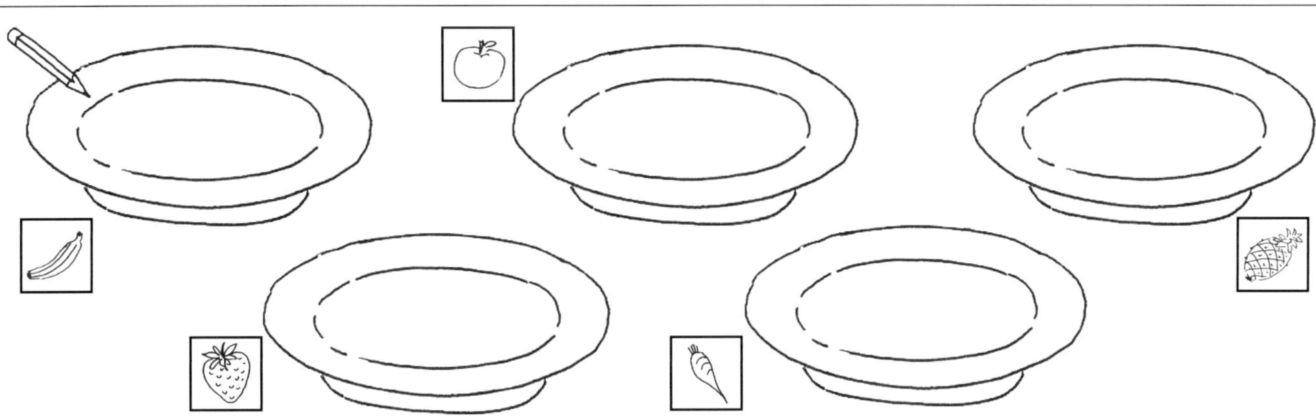

Male alle 7er-Plättchen an!

Mengenbildung

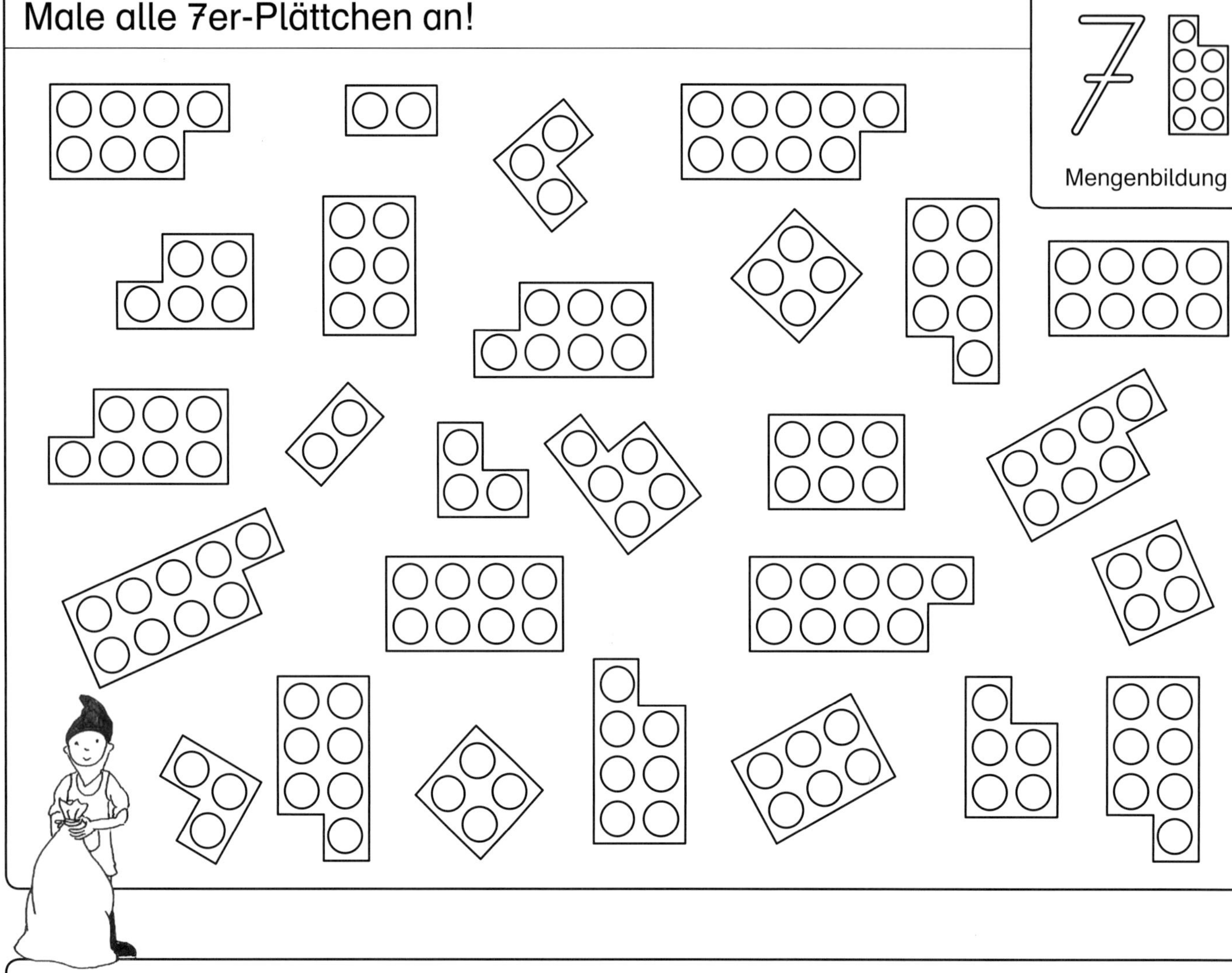

Rahme 7er-Plättchen ein!

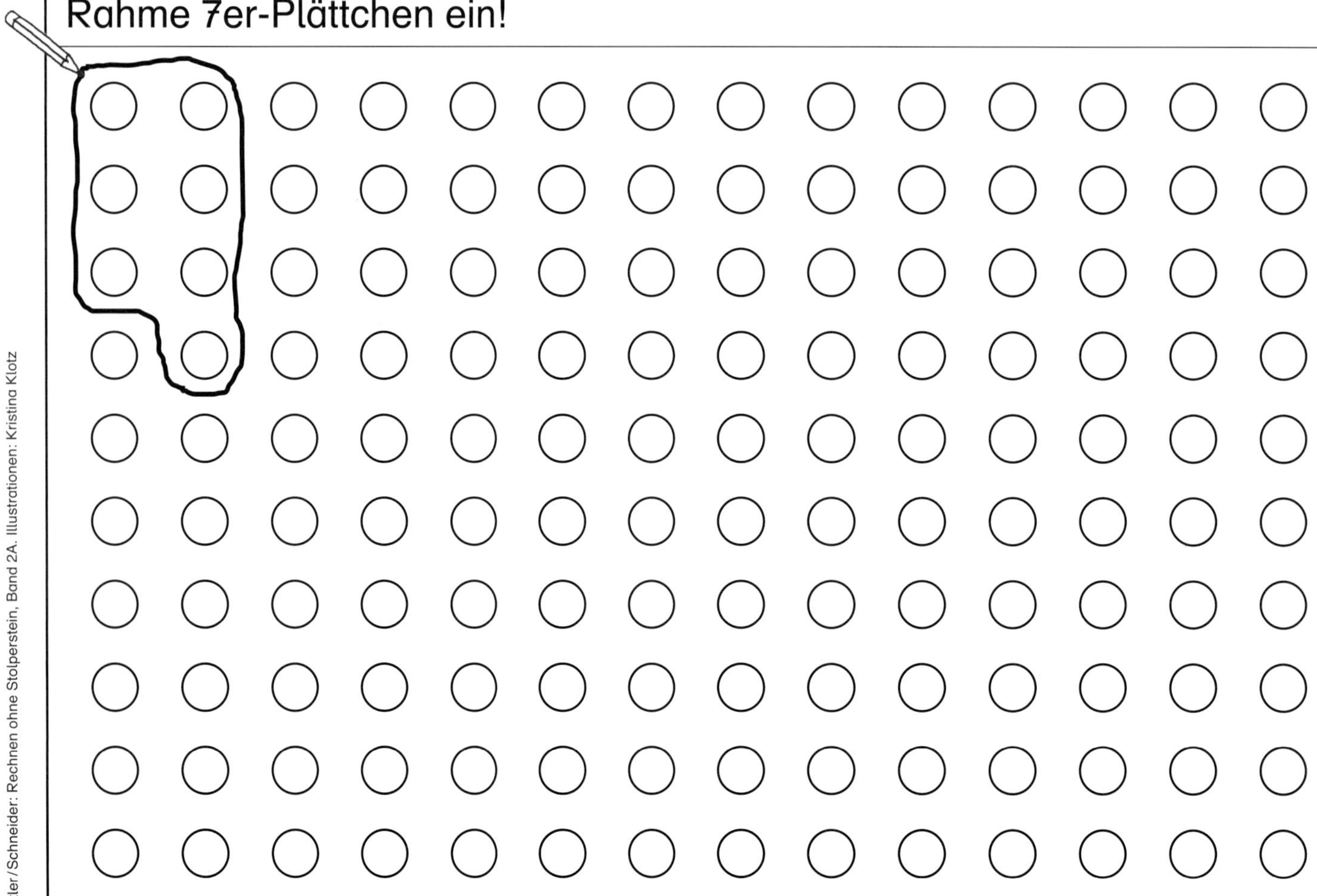

Kistler/Schneider: Rechnen ohne Stolperstein, Band 2A. Illustrationen: Kristina Klotz

Spure nach und schreibe!

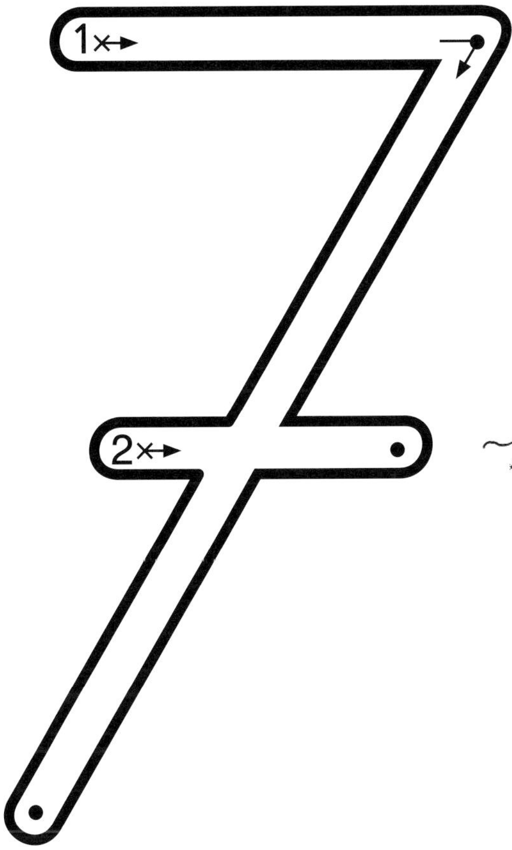

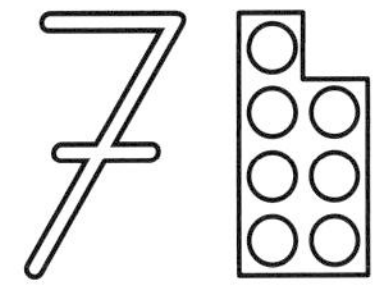

Ziffer schreiben

Male die Punkte und schreibe die richtige Zahl dazu!

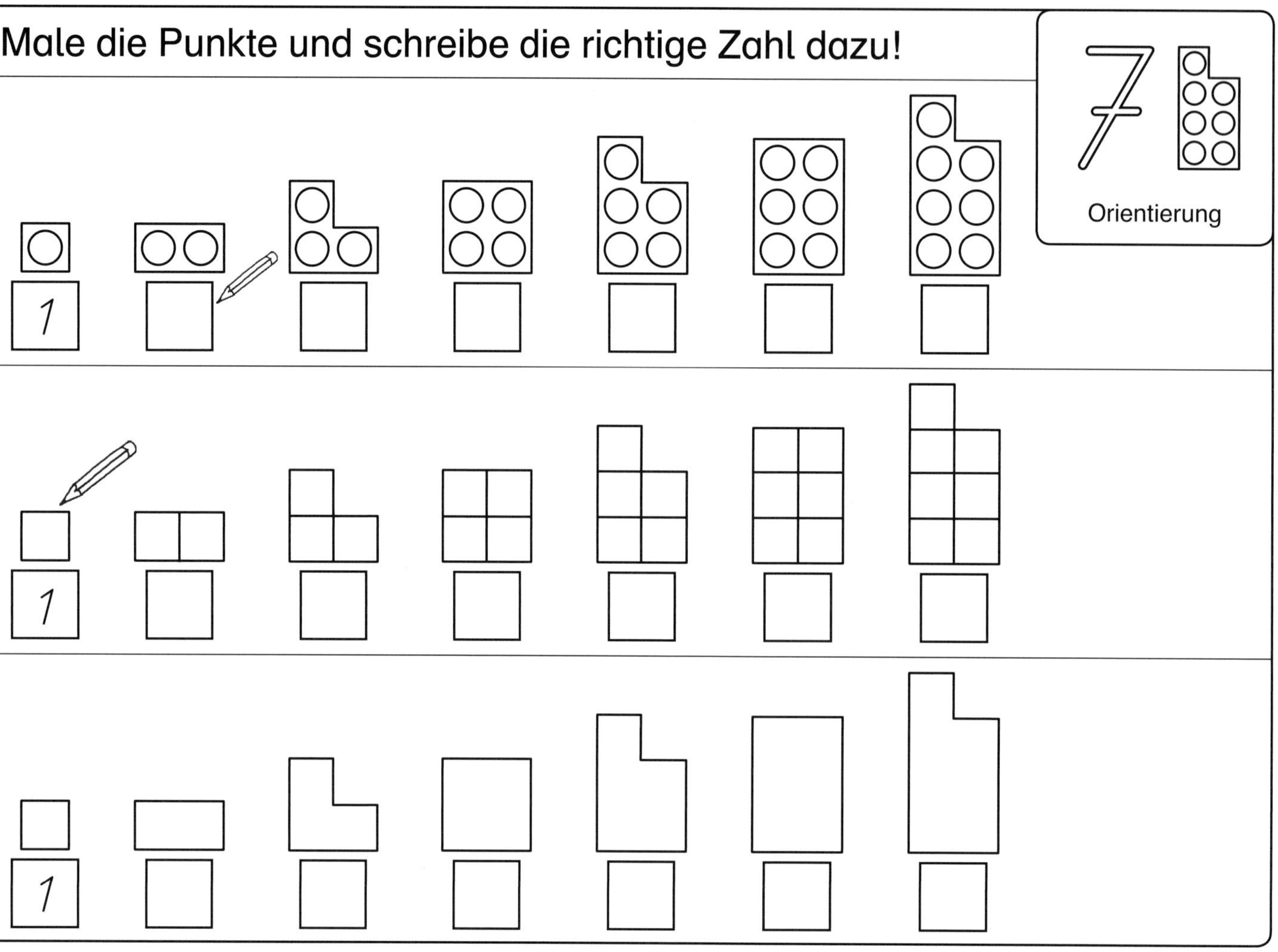

Verbinde in der richtigen Reihenfolge!

Kistler/Schneider: Rechnen ohne Stolperstein, Band 2A. Illustrationen: Kristina Klotz

Du kennst dich bis 7 gut aus!

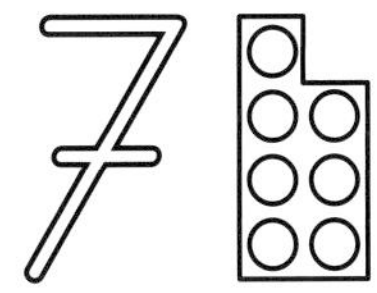

Orientierung

Welche Zahlen fehlen?

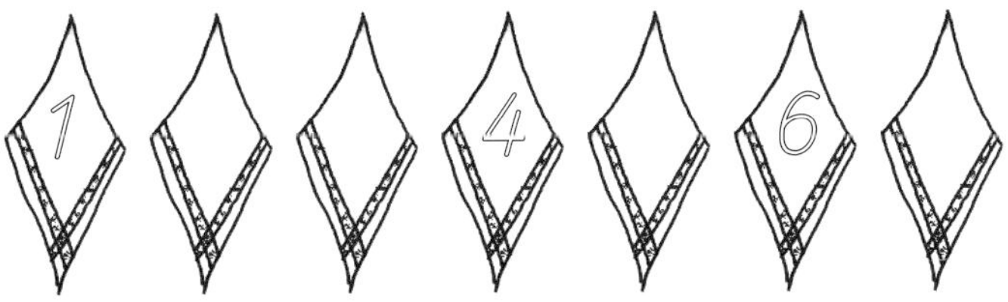

Nachbarn

Wir vergleichen: 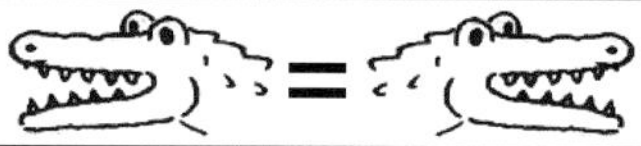

Orientierung > = <

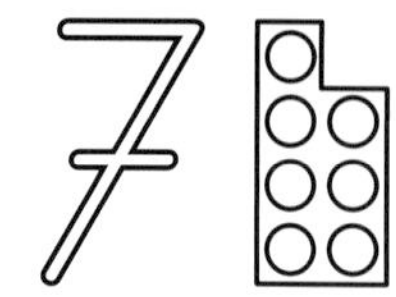

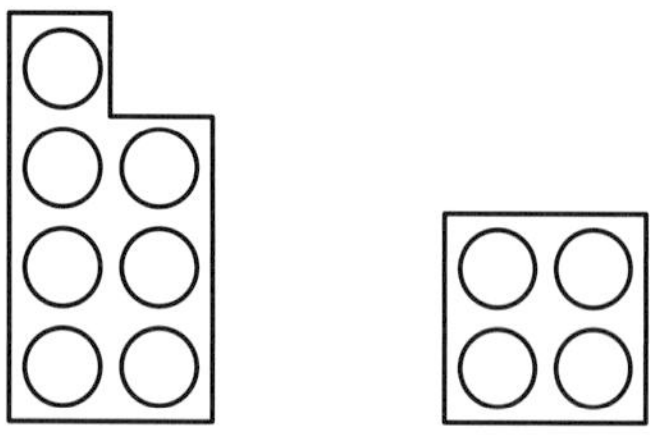	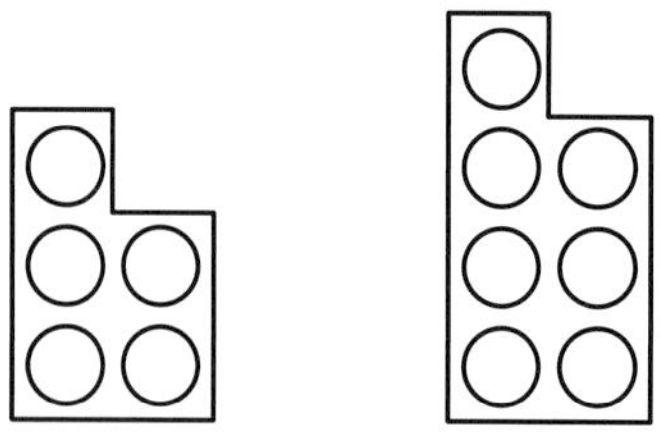	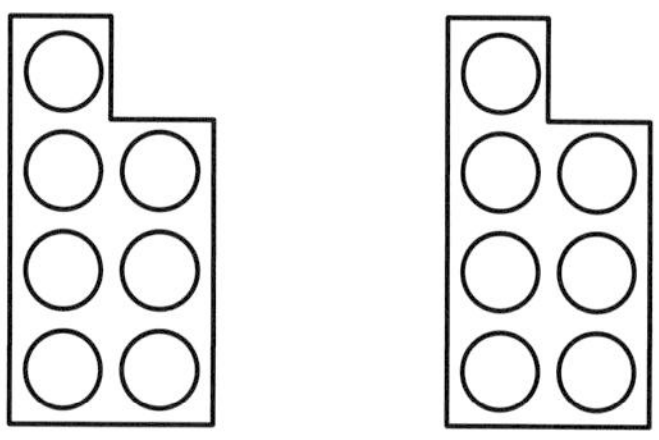
□ ○ □	□ ○ □	□ ○ □

Kleiner, größer oder gleich?

7	○	4	6	○	6	4	○	5	5	○	6
5	○	7	0	○	6	7	○	7	4	○	7
4	○	3	7	○	0	7	○	6	7	○	5
7	○	3	6	○	7	3	○	7	7	○	2

Finde eine passende Lösung!

6	=	□	4	<	□	6	<	□	5	=	□
5	<	□	7	>	□	7	=	□	6	>	□
7	>	□	6	>	□	7	>	□	3	<	□

Kistler/Schneider: Rechnen ohne Stolperstein, Band 2A. Illustrationen: Kristina Klotz

Wir zerlegen:

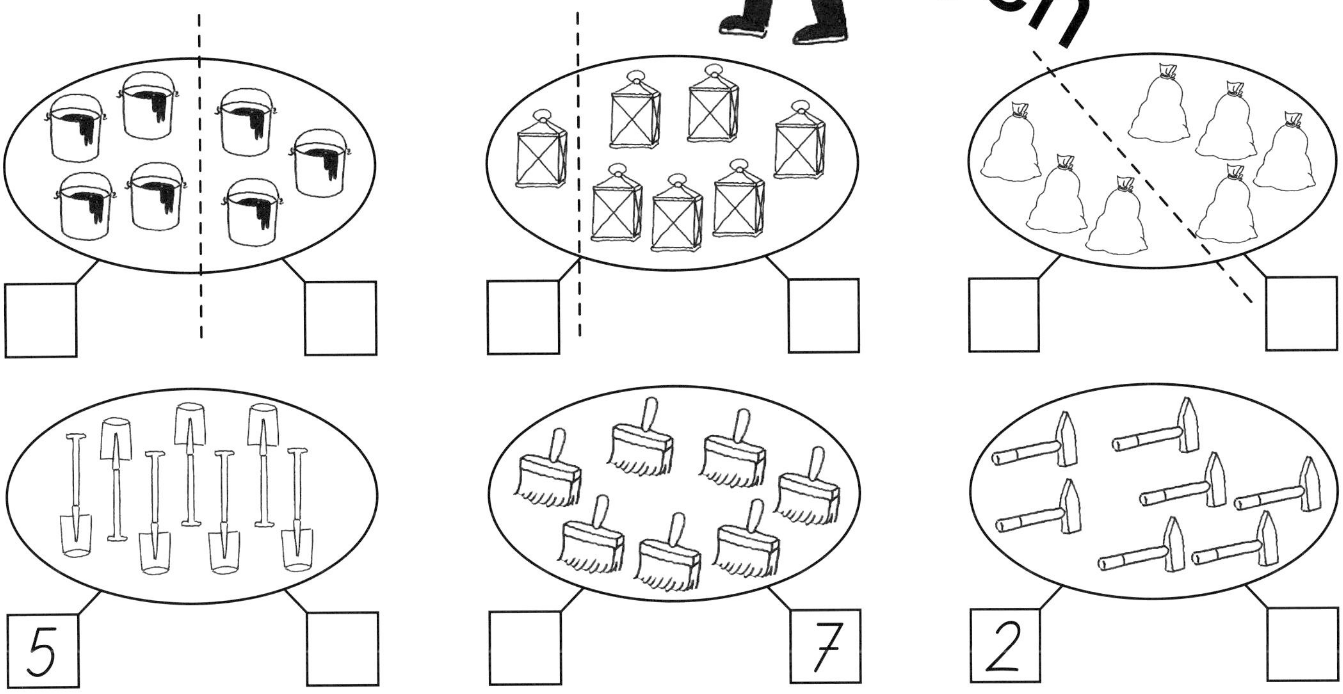

Wie ist die 7 zerlegt?

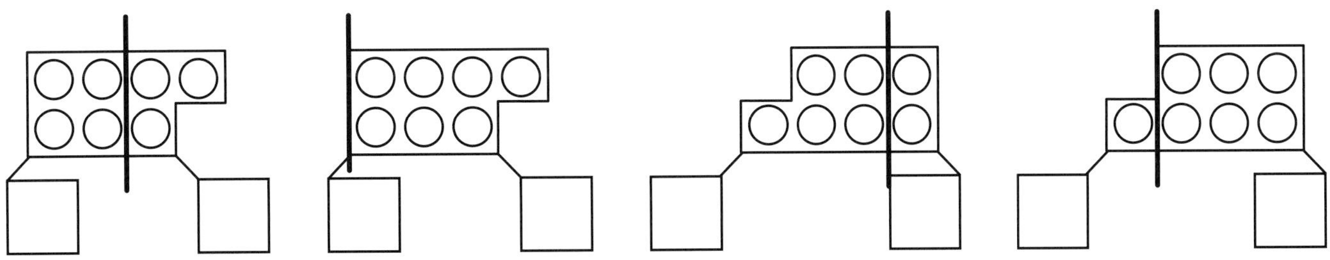

Zerlege selbst!

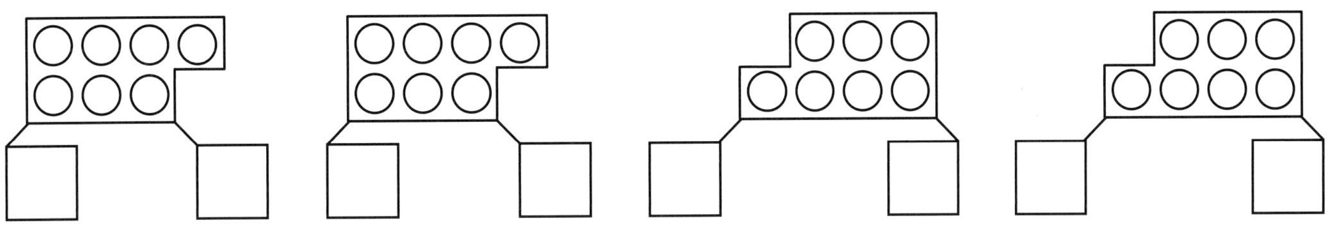

⊕ Plus: Es werden mehr!

7 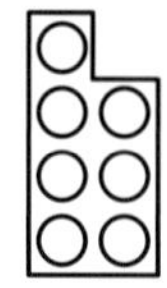

⊕

$4 + 3 = \square$

☐ ◯ ☐ ◯ ☐

☐ ◯ ☐ ◯ ☐

Rechnen mit Plättchen!

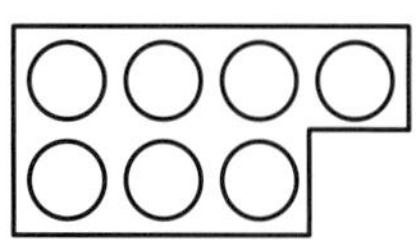

$0 + 7 = \square$

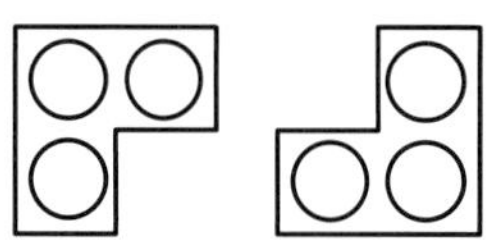

$3 + 3 = \square$

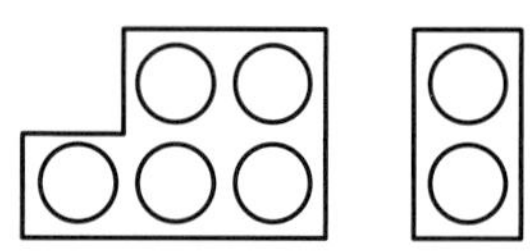

$5 + 2 = \square$

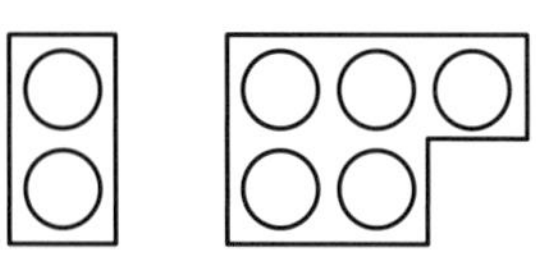

$2 + 5 = \square$

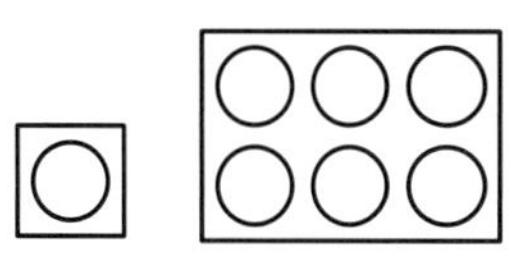

$1 + 6 = \square$

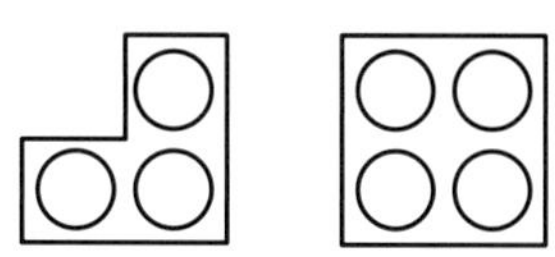

$3 + 4 = \square$

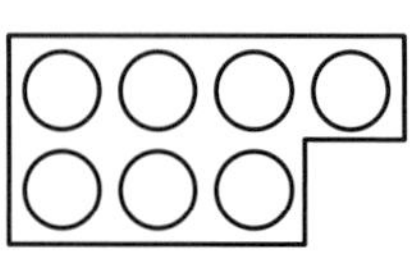

$7 + 0 = \square$

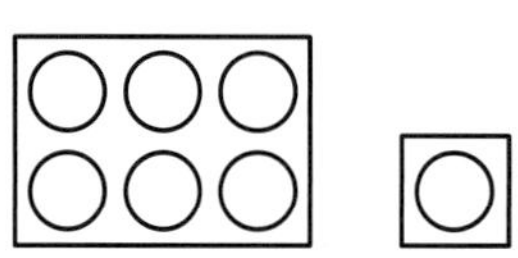

$6 + 1 = \square$

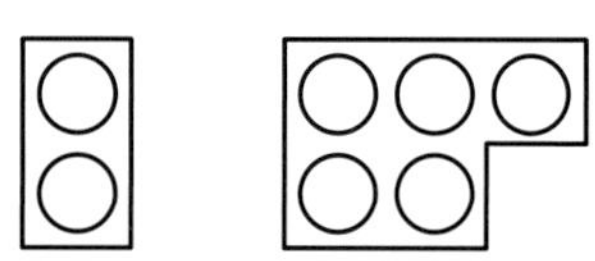

$2 + 5 = \square$

Kistler/Schneider: Rechnen ohne Stolperstein, Band 2A. Illustrationen: Kristina Klotz

Male die Plättchen und rechne!

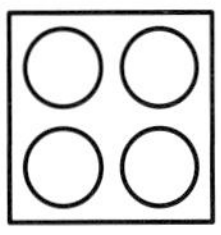 $4 + 3 = \square$	 $2 + 5 = \square$	 
 $1 + 6 = \square$	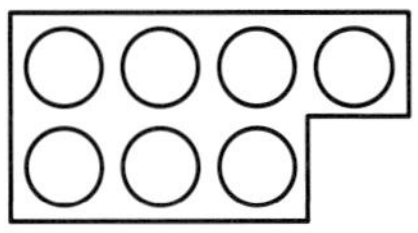 $7 + 0 = \square$	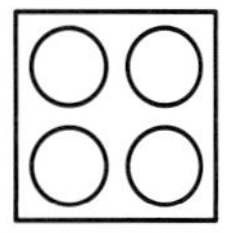 $4 + 2 = \square$
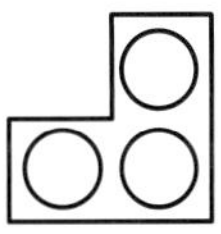 $3 + 4 = \square$	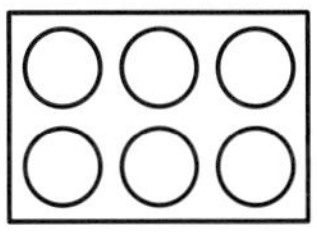 $6 + 1 = \square$	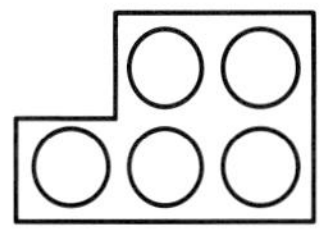 $5 + 2 = \square$

Male die Rechnung!

$5 + 1 = \square$	$3 + 4 = \square$	$1 + 6 = \square$
$2 + 5 = \square$	$5 + 2 = \square$	$7 + 0 = \square$
$6 + 1 = \square$	$4 + 3 = \square$	$0 + 7 = \square$

Wie heißt die Rechnung?

7 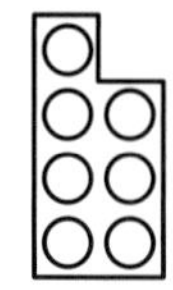 ⊕

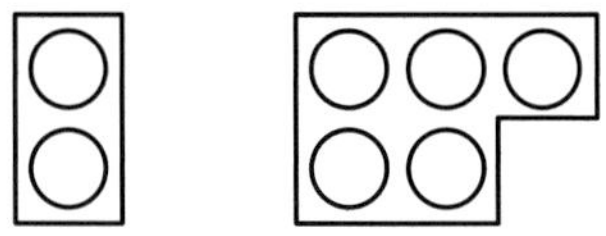

□ ◯ □ ◯ □

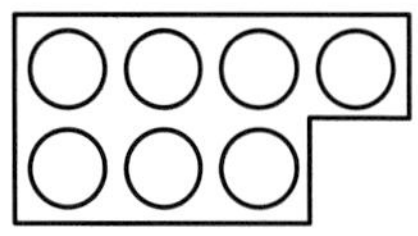

□ ◯ □ ◯ □

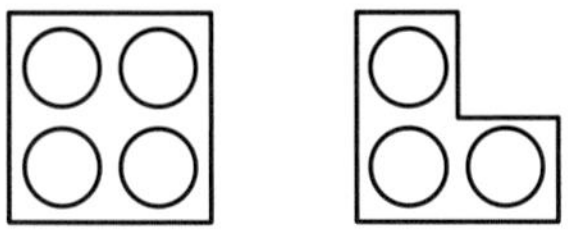

□ ◯ □ ◯ □

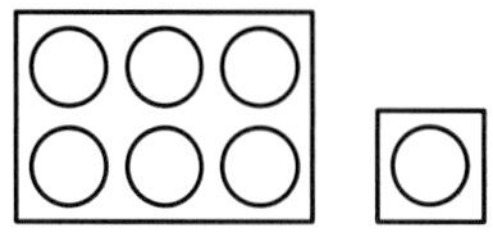

□ ◯ □ ◯ □

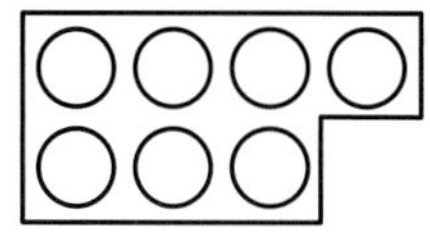

□ ◯ □ ◯ □

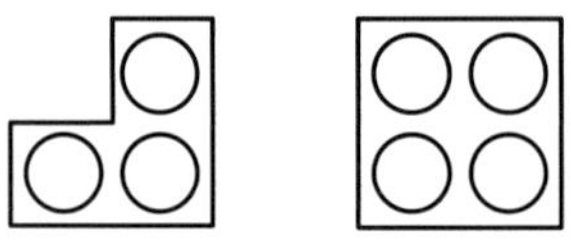

□ ◯ □ ◯ □

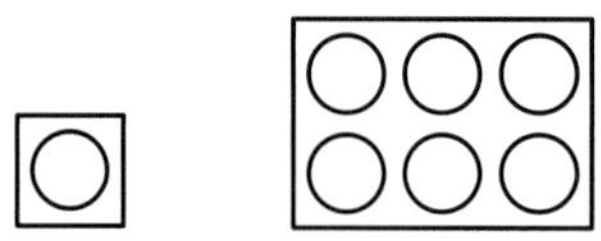

□ ◯ □ ◯ □

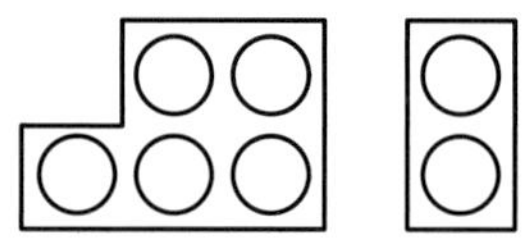

□ ◯ □ ◯ □

Rechne!

4 + 3 = □	5 + 2 = □	2 + 5 = □
4 + 2 = □	3 + 4 = □	2 + 3 = □
1 + 6 = □	3 + 3 = □	6 + 1 = □

Finde selbst Aufgaben!

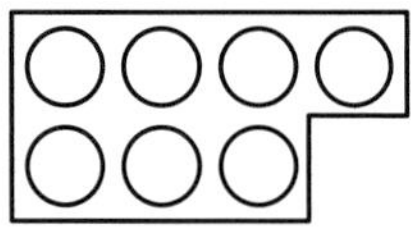	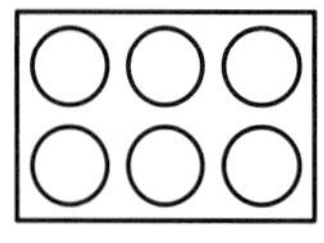	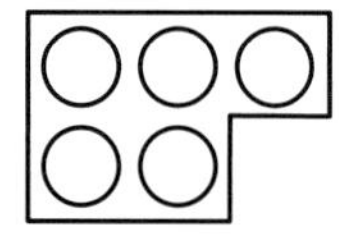
□ + □ = 7	□ + □ = 6	□ + □ = 5
□ + □ = 7	□ + □ = 6	□ + □ = 5
□ + □ = 7	□ + □ = 6	□ + □ = 5

Kistler/Schneider: Rechnen ohne Stolperstein, Band 2A. Illustrationen: Kristina Klotz

Für Spürnasen: Rechne zuerst, finde dann eine passende Aufgabe!

7 ⊕

3 + 4 = □	0 + 1 = □
1 + 6 = □	1 + 2 = □
5 + 2 = □	2 + 3 = □
□ + □ = □	□ + □ = □

Kettenaufgaben

5 1 + 4 + 2 = □	□ 2 + 2 + 3 = □
□ 2 + 3 + 2 = □	□ 4 + 0 + 3 = □
□ 3 + 1 + 3 = □	□ 5 + 1 + 0 = □

Rechen-Schal

5 + 1 = □

4 + 3 = □ 1 + 5 = □

2 + 4 = □ 7 + 0 = □

3 + 4 = □ 2 + 5 = □ 6 + 1 = □

0 + 6 = □ 2 + 3 = □ 4 + 1 = □

4 + 2 = □ 5 + 2 = □ 3 + 3 = □ 5 + 2 = □

1 + 6 = □ 0 + 7 = □ 5 + 1 = □ 4 + 0 = □

⊖ Minus: Es werden weniger!

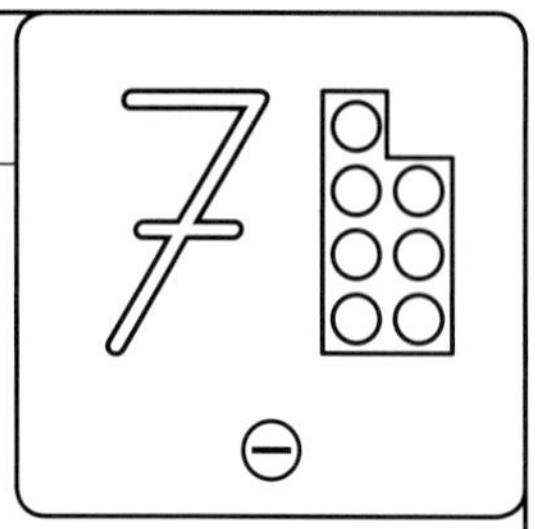

$7 - 3 = \square$

□ ○ □ ○ □

□ ○ □ ○ □

Rechnen mit Plättchen!

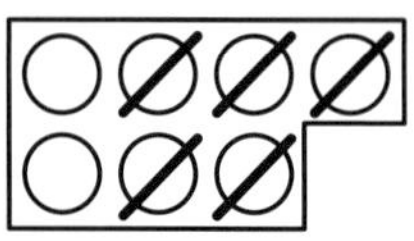

$7 - 5 = \square$

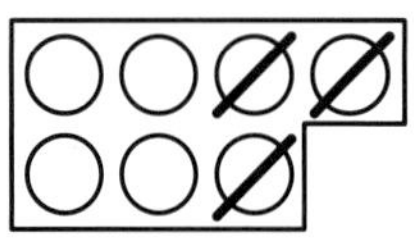

$7 - 3 = \square$

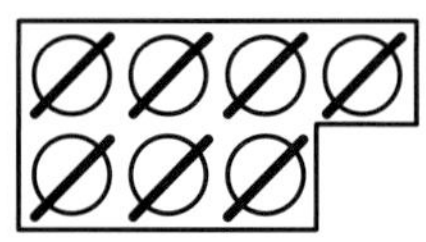

$7 - 7 = \square$

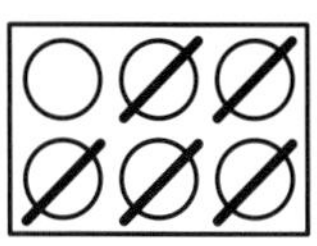

$6 - 5 = \square$

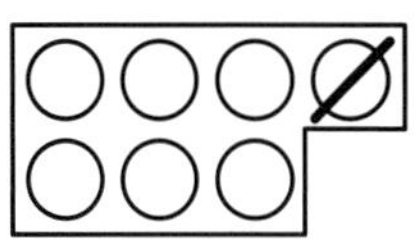

$7 - 1 = \square$

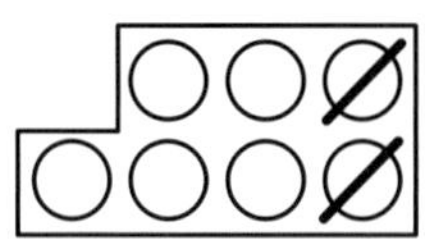

$7 - 2 = \square$

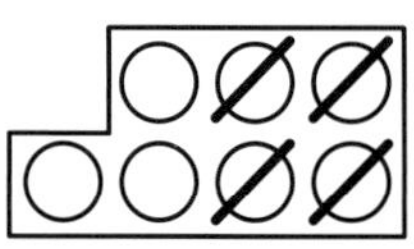

$7 - 4 = \square$

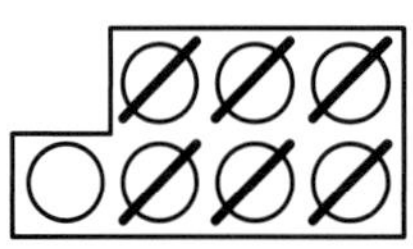

$7 - 6 = \square$

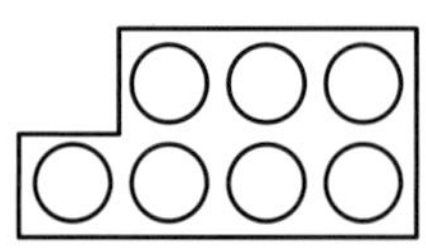

$7 - 0 = \square$

Kistler/Schneider: Rechnen ohne Stolperstein, Band 2A. Illustrationen: Kristina Klotz

Streiche weg und rechne!

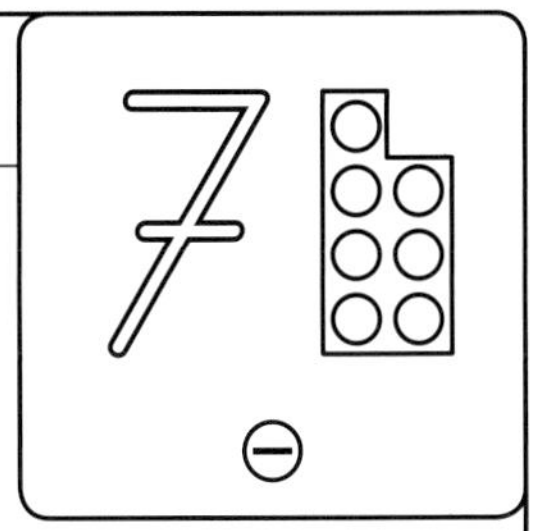

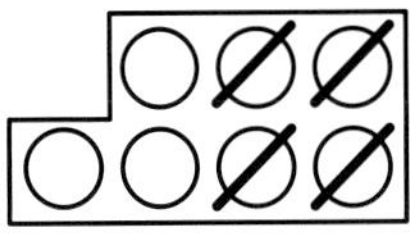

7 − 4 = ☐

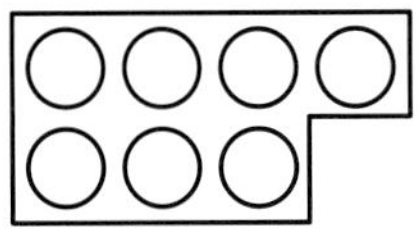

7 − 7 = ☐

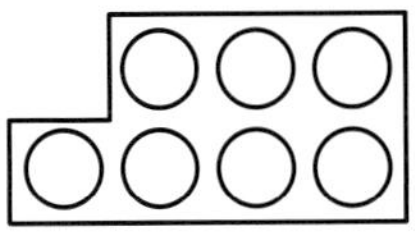

7 − 2 = ☐

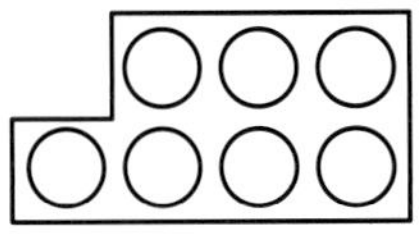

7 − 6 = ☐

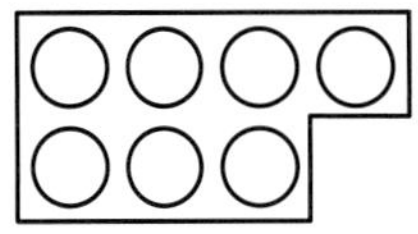

7 − 5 = ☐

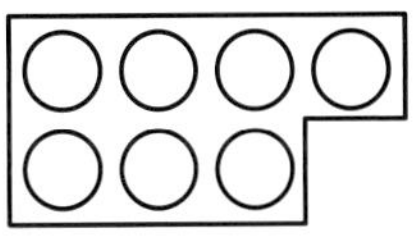

7 − 3 = ☐

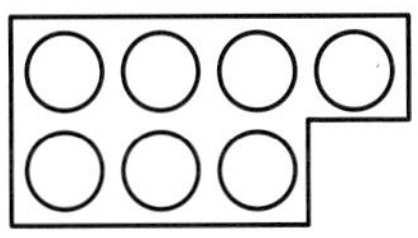

7 − 1 = ☐

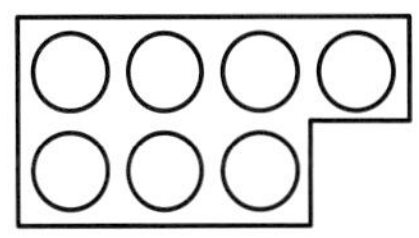

7 − 0 = ☐

Male die Rechnung!

7 − 0 = ☐	7 − 5 = ☐	5 − 4 = ☐
7 − 3 = ☐	7 − 7 = ☐	7 − 1 = ☐
7 − 6 = ☐	7 − 4 = ☐	7 − 2 = ☐

Wie heißt die Rechnung?

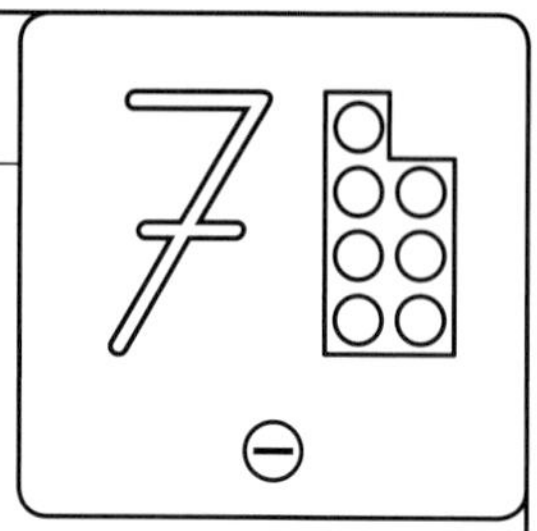

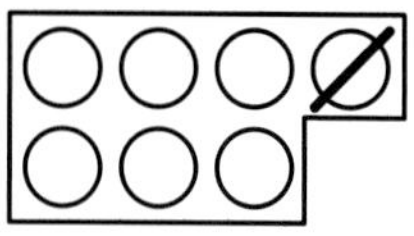 ☐ ○ ☐ ○ ☐	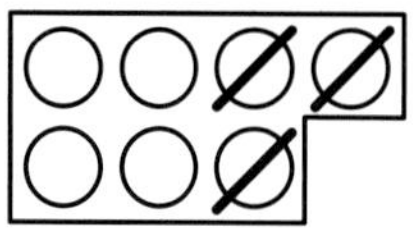 ☐ ○ ☐ ○ ☐	
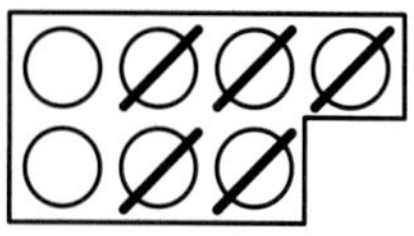 ☐ ○ ☐ ○ ☐	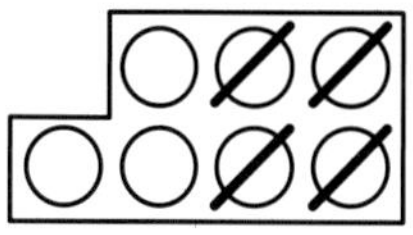 ☐ ○ ☐ ○ ☐	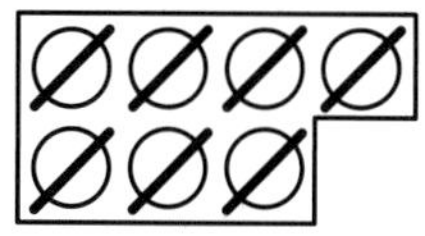 ☐ ○ ☐ ○ ☐
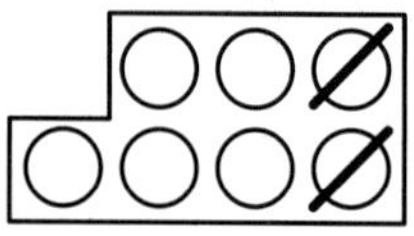 ☐ ○ ☐ ○ ☐	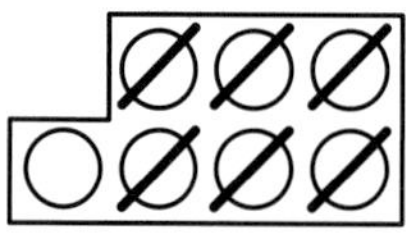 ☐ ○ ☐ ○ ☐	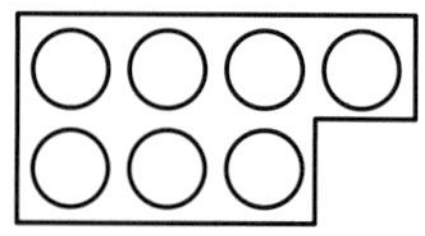 ☐ ○ ☐ ○ ☐

Denke an die Plättchen und rechne!

7 – 4 = ☐	5 – 2 = ☐	7 – 2 = ☐
6 – 3 = ☐	7 – 3 = ☐	6 – 6 = ☐
7 – 6 = ☐	7 – 7 = ☐	7 – 5 = ☐

Finde selbst Aufgaben!

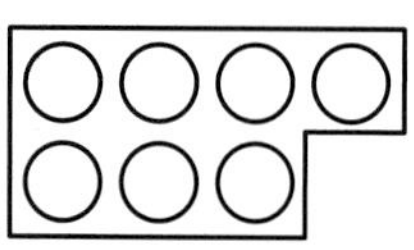	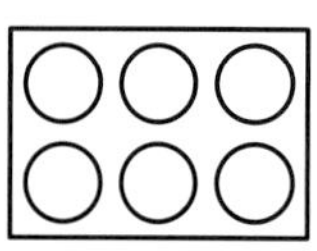	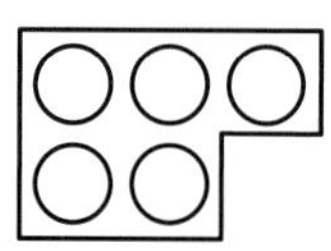
7 – ☐ = ☐	6 – ☐ = ☐	5 – ☐ = ☐
7 – ☐ = ☐	6 – ☐ = ☐	5 – ☐ = ☐
7 – ☐ = ☐	6 – ☐ = ☐	5 – ☐ = ☐

7 ⊖

Für Spürnasen: Rechne zuerst, finde dann eine passende Aufgabe!

7 – 6 = ☐	5 – 5 = ☐
6 – 4 = ☐	7 – 5 = ☐
7 – 4 = ☐	7 – 3 = ☐
☐ – ☐ = ☐	☐ – ☐ = ☐

Kettenaufgaben

6 7 – 1 – 0 = ☐	☐ 7 – 4 – 2 = ☐
☐ 6 – 4 – 1 = ☐	☐ 7 – 5 – 0 = ☐
☐ 7 – 3 – 2 = ☐	☐ 7 – 2 – 2 = ☐

Rechne und male richtig an!

0 = gelb
1 = grau
2 = hellgrün
3 = hellbraun
4 = rot
5 = dunkelgrün
6 = blau
7 = dunkelbraun

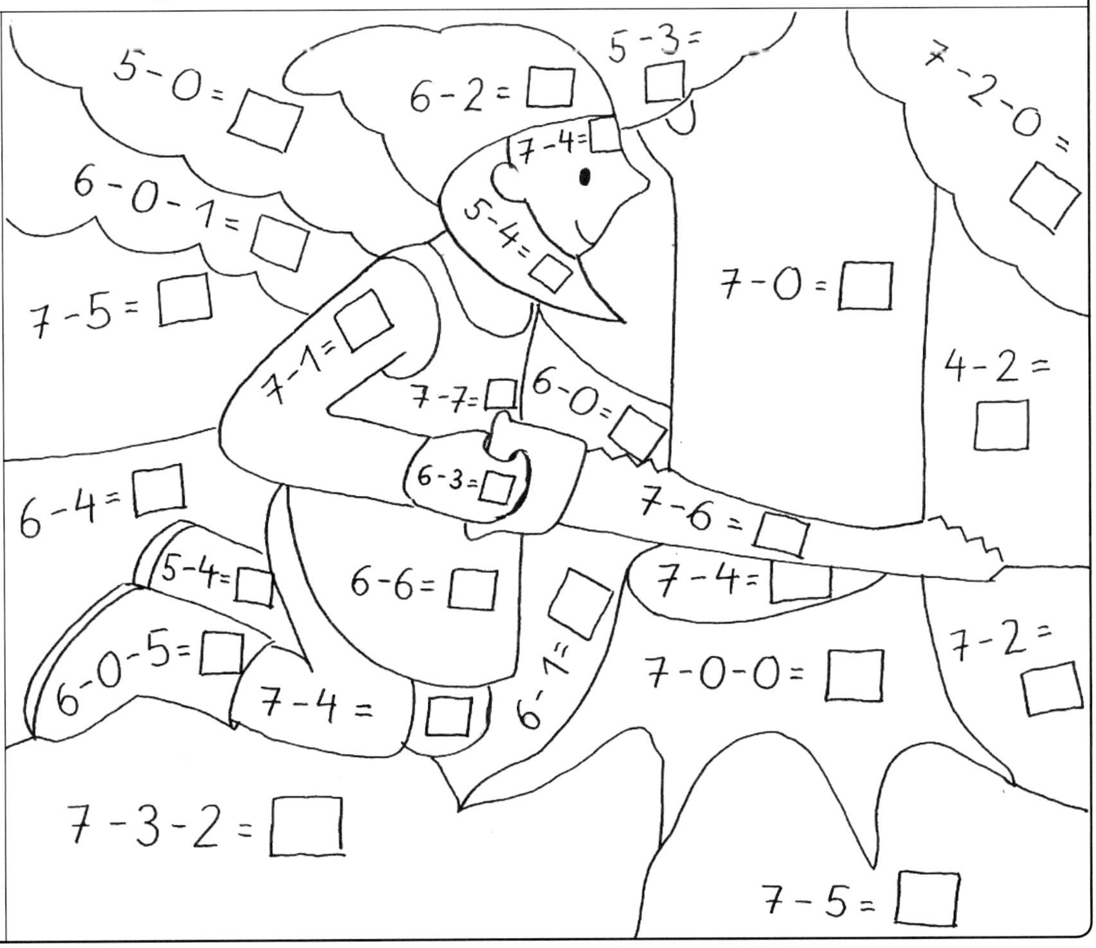

Was passiert? Achte auf ⊕ und ⊖ !

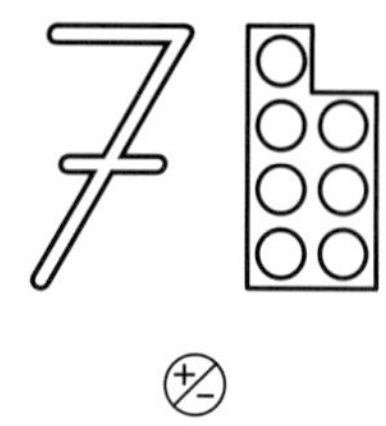

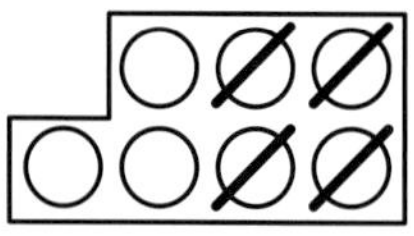

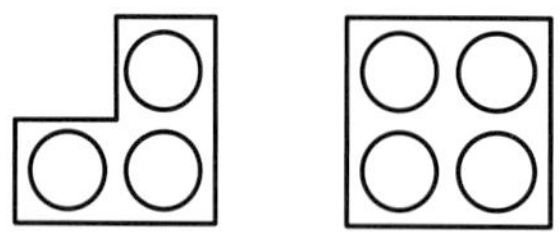

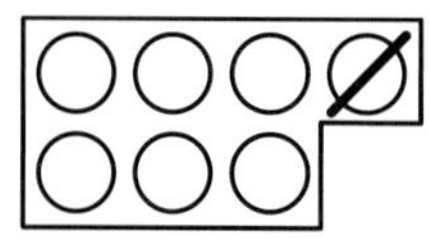

Male die Rechnung!

$1 + 6 = \square$ | $2 + 5 = \square$ | $7 - 5 = \square$

$7 - 1 = \square$ | $7 - 3 = \square$ | $6 + 1 = \square$

$5 + 1 = \square$ | $4 + 3 = \square$ | $7 - 6 = \square$

Kistler/Schneider: Rechnen ohne Stolperstein, Band 2A. Illustrationen: Kristina Klotz

Dazu oder weg? Rechne!

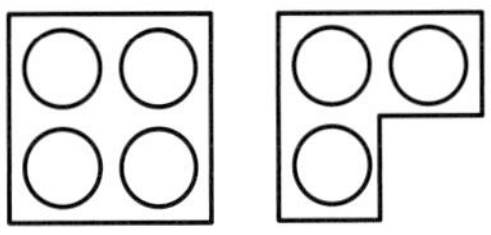

4 + 3 = ☐

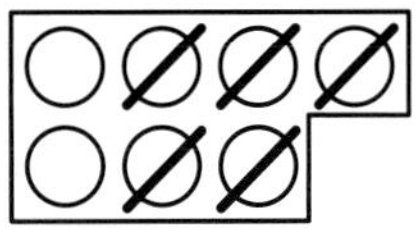

7 − 5 = ☐

7 − 6 = ☐

7 − 7 = ☐

5 + 2 = ☐

2 + 4 = ☐

7 − 0 = ☐

3 + 4 = ☐

6 + 1 = ☐

7 − 2 = ☐

1 + 6 = ☐

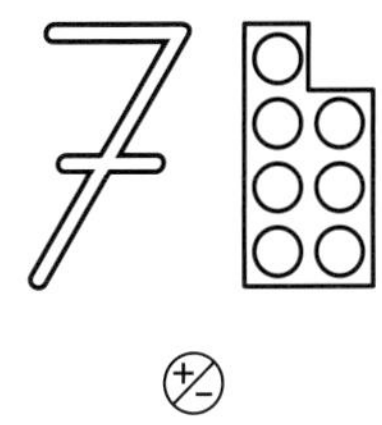

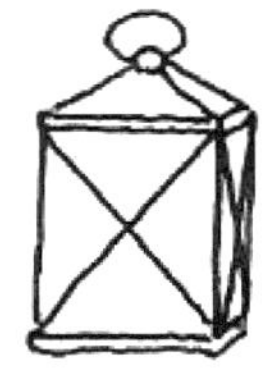

Kettenaufgaben

3

7 − 4 + 2 = ☐

☐

2 + 5 − 4 = ☐

☐

6 − 1 − 3 = ☐

☐

1 + 3 + 2 = ☐

☐

7 − 5 + 3 = ☐

☐

2 + 3 − 5 = ☐

Rechen-Schubkarre

Was passiert? ⊕ oder ⊖ ?

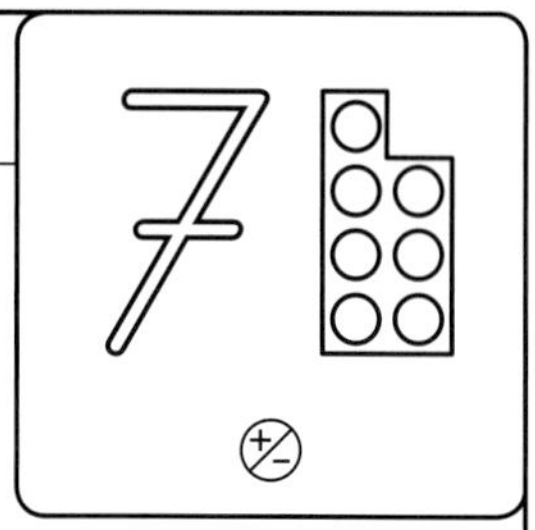

5 ◯ 2 = 7	3 ◯ 4 = 7	
6 ◯ 1 = 5	0 ◯ 5 = 5	
4 ◯ 3 = 7	1 ◯ 5 = 6	7 ◯ 6 = 1
7 ◯ 1 = 6	6 ◯ 2 = 4	5 ◯ 3 = 2
7 ◯ 2 = 5	7 ◯ 7 = 0	6 ◯ 4 = 2
3 ◯ 3 = 6	0 ◯ 7 = 7	5 ◯ 1 = 4
7 ◯ 5 = 2	5 ◯ 2 = 3	4 ◯ 2 = 6
3 ◯ 1 = 4	7 ◯ 3 = 4	2 ◯ 5 = 7

Fehlersuche: Streiche falsche Aufgaben aus! Trage die Buchstaben der richtigen Aufgaben unten ein!

SCH: 3 + 4 = 7

Z: 5 – 4 = 1

CH: 3 + 4 = 5

W: 0 + 7 = 7

L: 7 – 2 = 5

E: 2 + 3 = 5

AU: 6 – 4 = 2

P: 6 – 4 = 3

EI: 4 + 2 = 7

R: 4 + 3 = 7

E: 6 – 3 = 3

G: 6 – 4 = 2

R: 5 + 2 = 7

Lösungssatz:

!

Kistler/Schneider: Rechnen ohne Stolperstein, Band 2A. Illustrationen: Kristina Klotz

Zerlege und rechne!

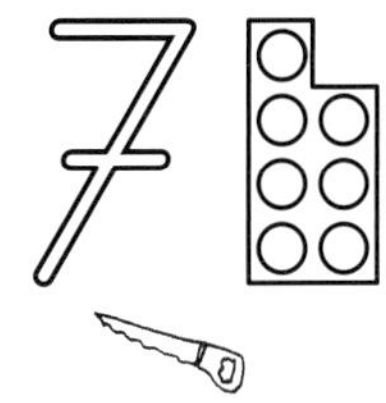

$7 = 3 + \square$

$7 = 5 + \square$

$7 = \square + 5$

$7 = 4 + \square$

Zerlege und rechne!

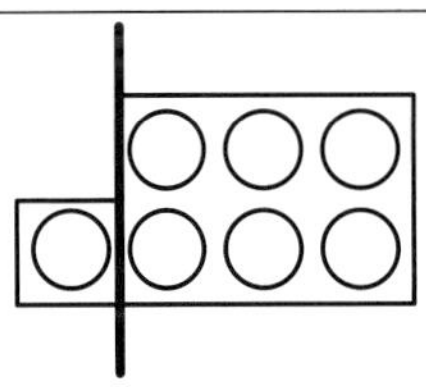

$7 = 1 + \square$

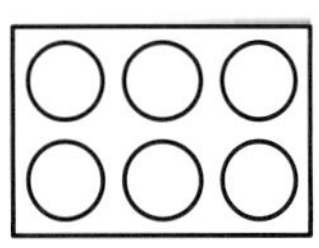

$6 = \square + 5$

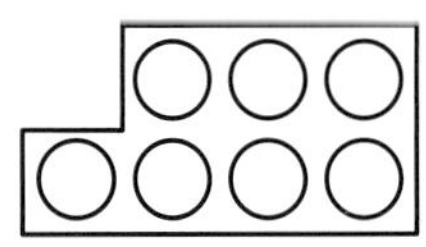

$7 = \square + 4$

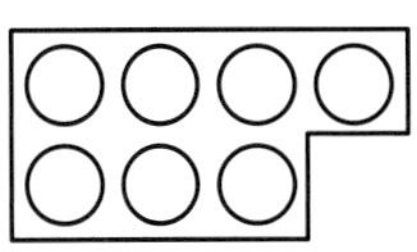

$7 = \square + 5$

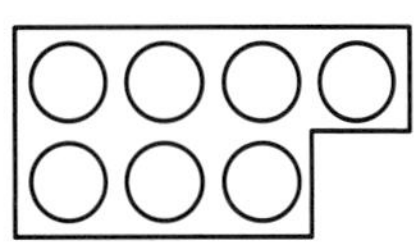

$7 = 2 + \square$

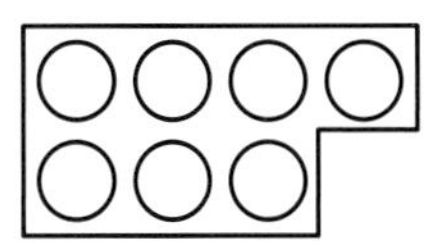

$7 = 0 + \square$

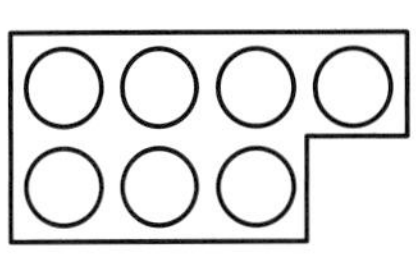

$7 = 6 + \square$

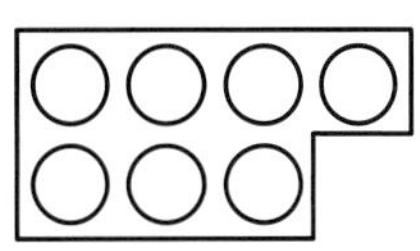

$7 = 7 + \square$

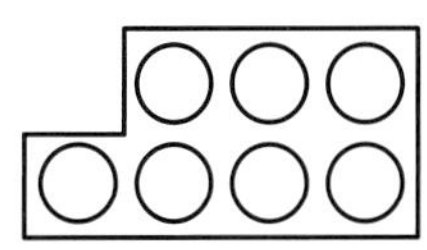

$7 = 5 + \square$

Male die Rechnung!

$7 = 3 + \square$	$7 = 5 + \square$	
$6 = 2 + \square$	$7 = \square + 2$	$7 = 4 + \square$
$7 = \square + 5$	$7 = 1 + \square$	$7 = \square + 6$

Wie heißt die Rechnung?

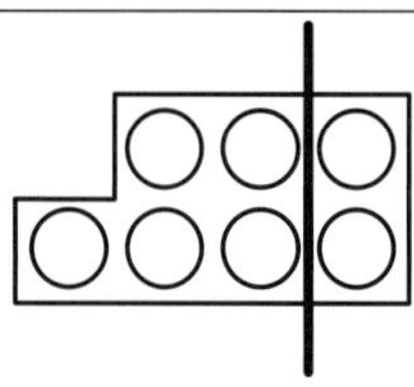 □ ○ □ ○ □	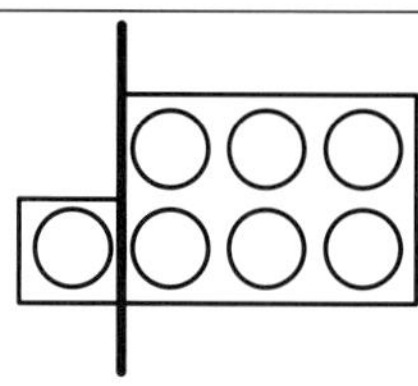 □ ○ □ ○ □	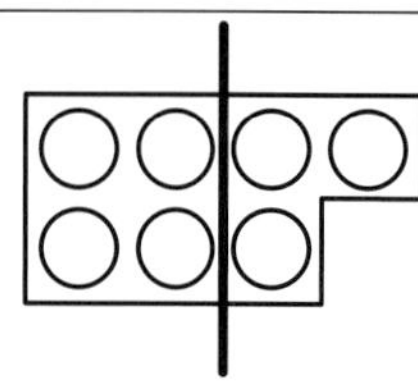 □ ○ □ ○ □
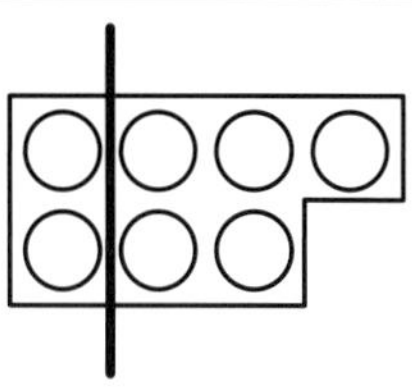 □ ○ □ ○ □	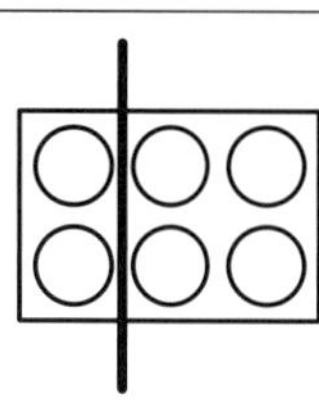 □ ○ □ ○ □	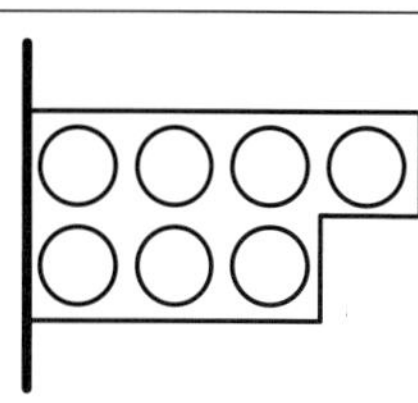 □ ○ □ ○ □
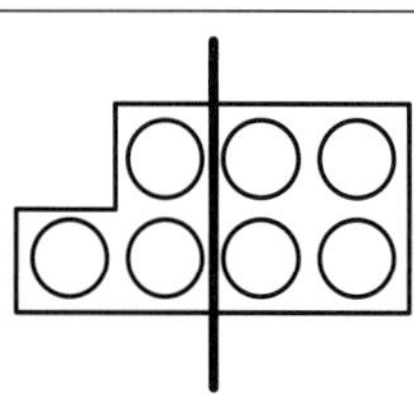 □ ○ □ ○ □	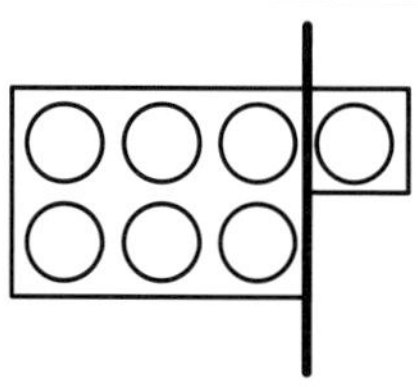 □ ○ □ ○ □	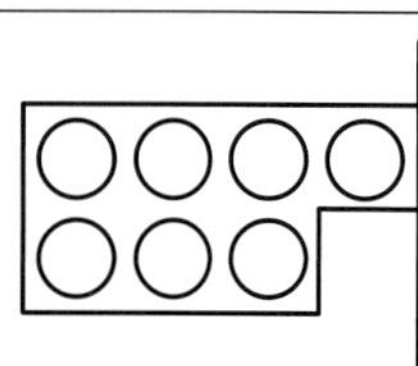 □ ○ □ ○ □

Kistler/Schneider: Rechnen ohne Stolperstein, Band 2A. Illustrationen: Kristina Klotz

Zerlege und rechne!

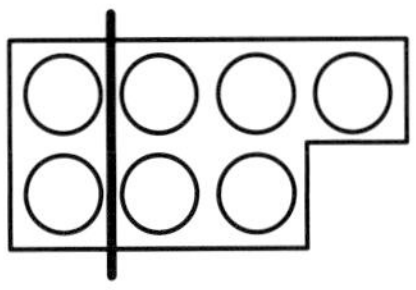

7 = 2 + □

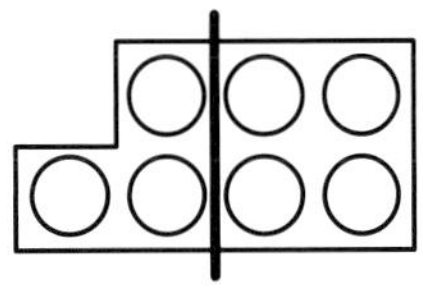

7 = □ + 4

7 = 3 + □
7 = □ + 2
7 = 5 + □

6 = 1 + □
7 = □ + 1
7 = 4 + □

7 = □ + 5
6 = 2 + □
7 = 6 + □

7 = □ + 3
7 = 2 + □
5 = 4 + □
7 = 7 + □

7 = 0 + □
6 = □ + 3
7 = □ + 0
5 = 2 + □

7 = □ + 6
7 = 1 + □
4 = 3 + □
7 = □ + 4

Mützen-Aufgaben

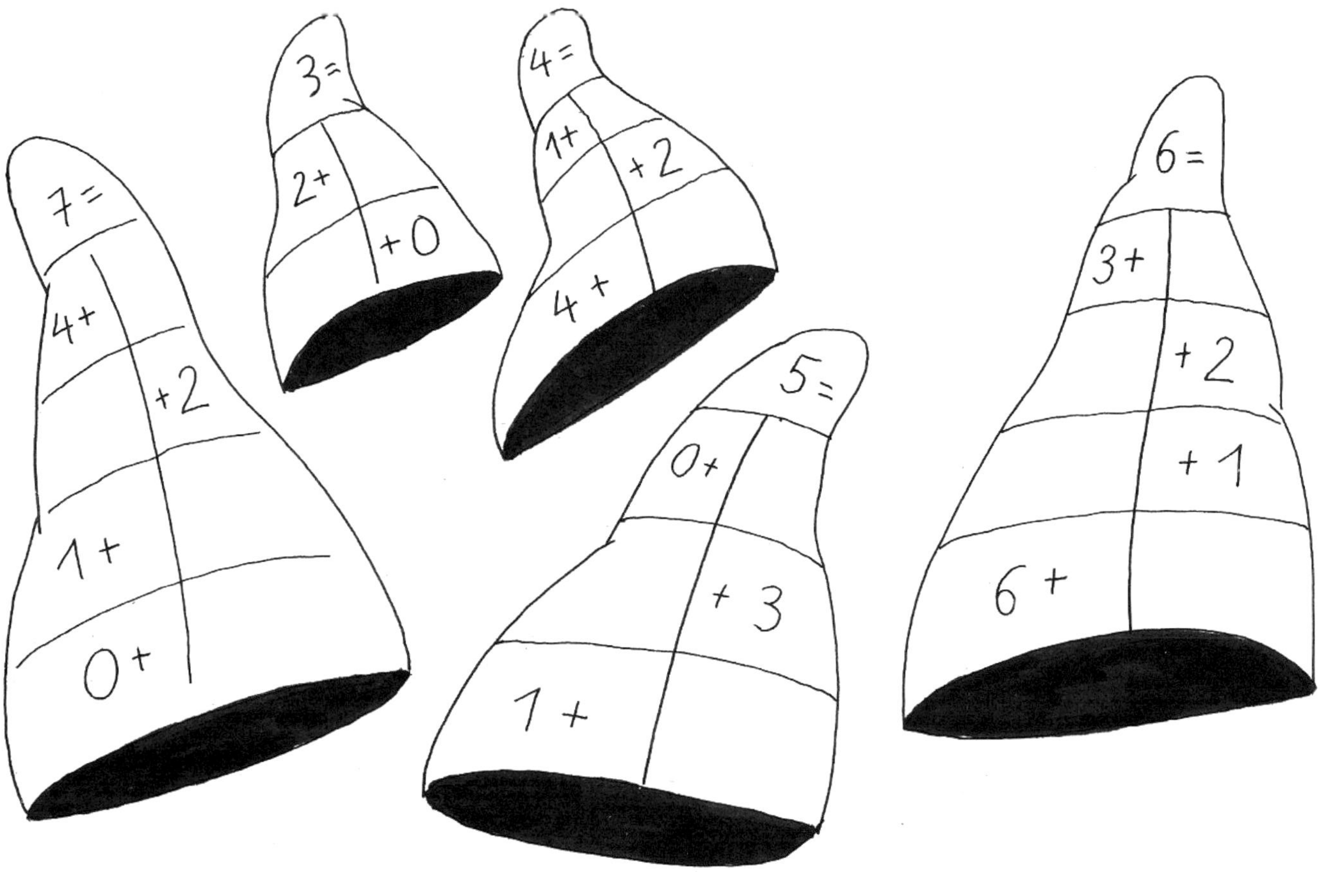

Was passiert? ⊕, ⊖ oder ?

7 Gemischte Aufgaben

$4 + 3 = \square$	$7 - 2 = \square$	$6 - 2 = \square$
$7 - 5 = \square$	$7 = \square + 0$	$3 + 3 = \square$
$5 = 3 + \square$	$7 = 5 + \square$	$7 - 4 = \square$

Achtung: Was passiert?

□ ○ □ ○ □	□ ○ □ ○ □	□ ○ □ ○ □
□ ○ □ ○ □	□ ○ □ ○ □	□ ○ □ ○ □
□ ○ □ ○ □	□ ○ □ ○ □	□ ○ □ ○ □

Kistler / Schneider: Rechnen ohne Stolperstein, Band 2A. Illustrationen: Kristina Klotz

Wie viele hat Schneewittchen versteckt?

7 Gemischte Aufgaben

Ich habe **7** Kirschen.

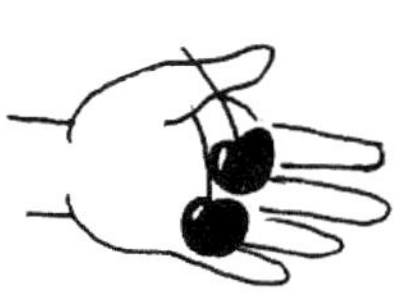

2 | ☐

Ich habe **6** Nüsse.

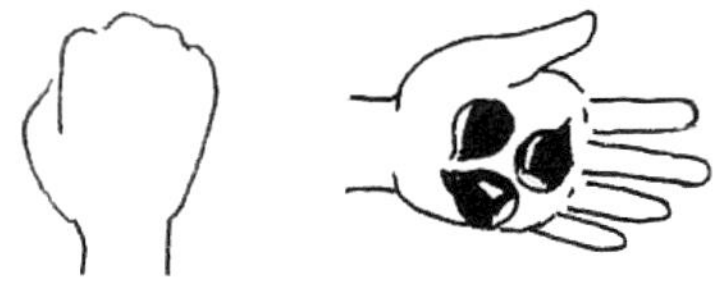

☐ | ☐

Ich habe **7** Erdbeeren.

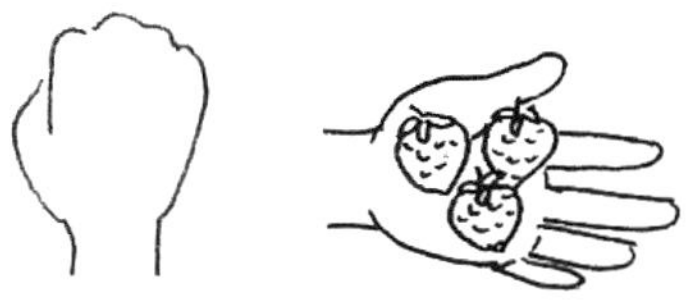

☐ | ☐

Ich habe **5** Himbeeren.

☐ | ☐

Ich habe **7** Erdnüsse.

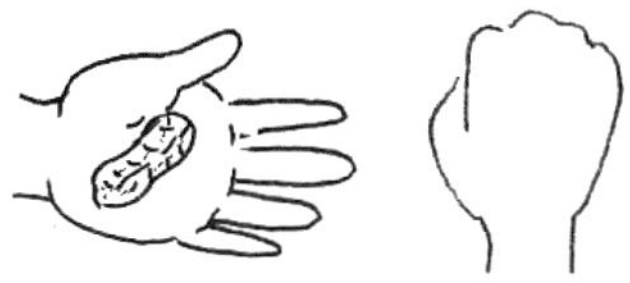

☐ | ☐

Wie viele Zwerge sind im Haus?

☐ | 2

1 | ☐

4 | ☐

3 | ☐

☐ | 5

0 | ☐

Drei Freunde gehören zusammen: 

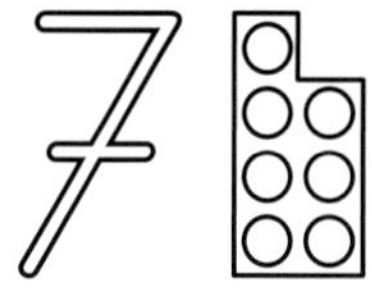

Gemischte Aufgaben

6 + 1 = ☐

1 + ☐ = ☐

☐ – ☐ = ☐

☐ – ☐ = ☐

☐ = ☐ + ☐

☐ = ☐ + ☐

☐ + ☐ = ☐

☐ + ☐ = ☐

☐ – ☐ = ☐

☐ – ☐ = ☐

☐ = ☐ + ☐

☐ = ☐ + ☐

Kistler/Schneider: Rechnen ohne Stolperstein, Band 2A. Illustrationen: Kristina Klotz

Drei Freunde gehören zusammen:

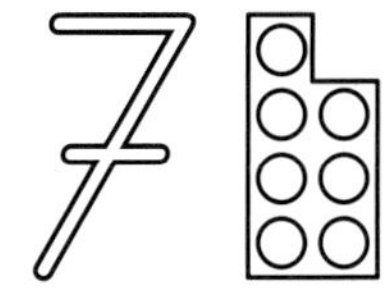

Gemischte Aufgaben

7 + 0 = ☐

0 + ☐ = ☐

☐ − ☐ = ☐

☐ − ☐ = ☐

☐ = ☐ + ☐

☐ = ☐ + ☐

☐ + ☐ = ☐

☐ + ☐ = ☐

☐ − ☐ = ☐

☐ − ☐ = ☐

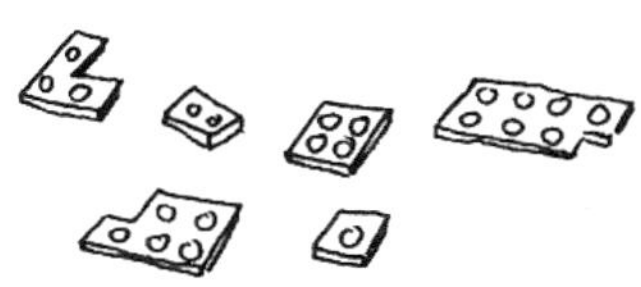

☐ = ☐ + ☐

☐ = ☐ + ☐

7er-Freunde: Welcher fehlt?

7 Gemischte Aufgaben

$3 + 4 = 7$

$\square - 4 = 3$

$\square + 0 = 7$

$\square = 3 + 4$

$7 - 3 = \square$

$7 = \square + 5$

$7 - \square = 1$

$2 + 5 = \square$

$7 = 1 + \square$

Drei Freunde: Welcher fehlt?

$3 + \square = 6$

$\square - 5 = 2$

$\square - 0 = 4$

$\square = 4 + 1$

$7 - 2 = \square$

$7 = \square + 5$

$5 - \square = 3$

$2 + 5 = \square$

$7 = 1 + \square$

Kistler/Schneider: Rechnen ohne Stolperstein, Band 2A. Illustrationen: Kristina Klotz

Die drei Freunde helfen dir!

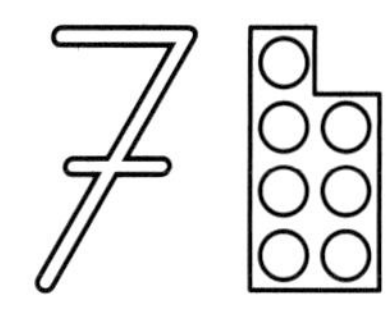

7 = 3 + □	□ − 1 = 6	
□ − 3 = 4	2 + 4 = □	
5 − 2 = □	□ − 2 = 4	

7 − 2 = □	4 + 3 = □	3 + □ = 7
7 = □ + 5	1 + □ = 7	5 + 2 = □
1 + 6 = □	6 = □ + 1	7 − 5 = □
5 + □ = 7	7 − 4 = □	7 = □ + 1

Rechne und male richtig an!

Wie kommt der Zwerg genau ins Ziel?

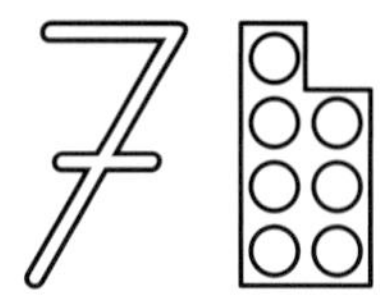

Gemischte Aufgaben

Zeichne und schreibe!

⚃ ⚂	□ + □ = 7	□ □	□ + □ = 7
□ □	□ + □ = 7	□ □	□ + □ = 7
□ □	□ + □ = 7	□ □	□ + □ = 7

Tauschaufgaben

2 + 5 = □

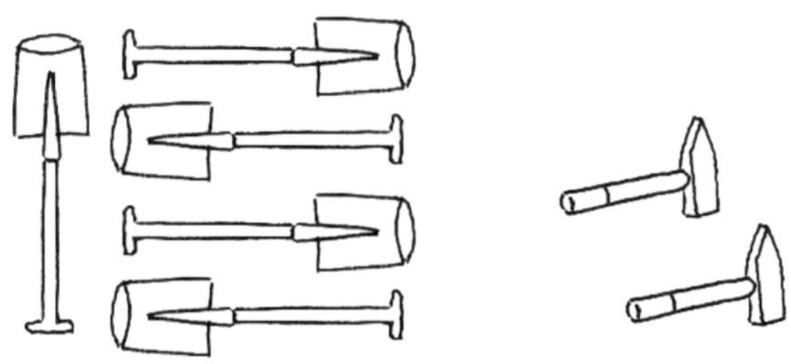

5 + 2 = □

1 + 6 = □	□ ○ □ ○ □
2 + 5 = □	□ ○ □ ○ □
0 + 7 = □	□ ○ □ ○ □
4 + 2 = □	□ ○ □ ○ □

Kistler/Schneider: Rechnen ohne Stolperstein, Band 2A. Illustrationen: Kristina Klotz

Rechengeschichten

7 Gemischte Aufgaben

Im Haus sind 7 Zwerge.
3 Zwerge gehen weg.
Wie viele Zwerge sind noch zu Hause?

Wir rechnen: □ ○ □ ○ □

Wir antworten: ____________________

____

Im Boot sind 5 Zwerge.
2 Zwerge steigen noch ein.
Wie viele Zwerge sind jetzt im Boot?

Wir rechnen: □ ○ □ ○ □

Wir antworten: ____________________

____

Im Boot sind 6 Zwerge.
1 Zwerg springt ins Wasser.
Wie viele Zwerge sitzen noch im Boot?

Wir rechnen: □ ○ □ ○ □

Wir antworten: ____________________

____

1 Zwerg ist im Garten.
5 Zwerge kommen dazu.
Wie viele Zwerge sind nun im Garten?

Wir rechnen: □ ○ □ ○ □

Wir antworten: ____________________

____

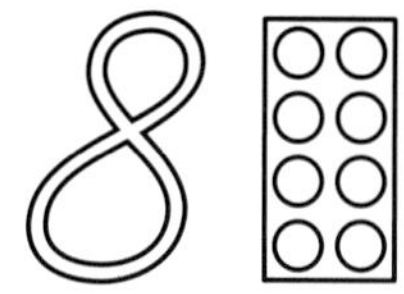

Mengenbildung

Anna wird 8!

Male nur aus, wenn es 8 Dinge sind!

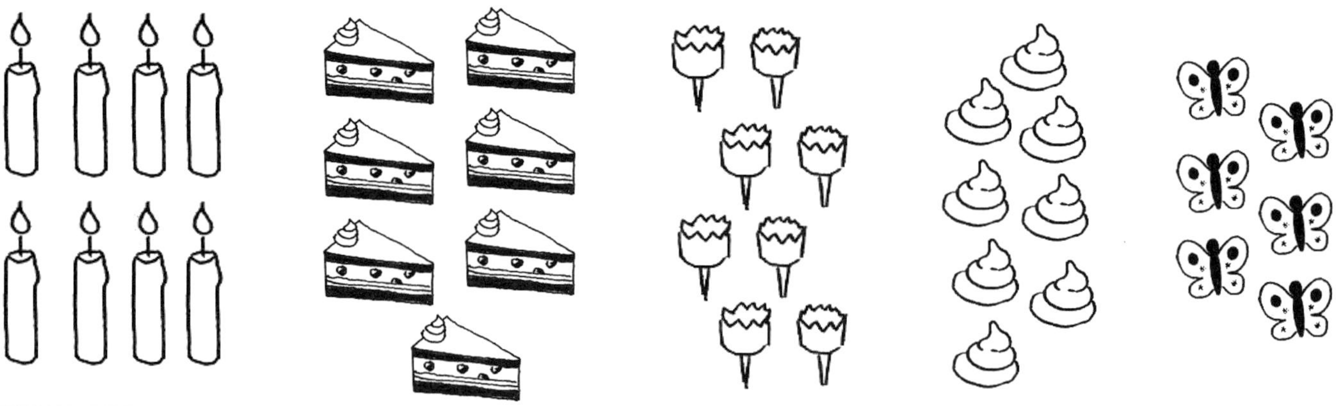

Male immer 8 Kerzen in einer Farbe aus!

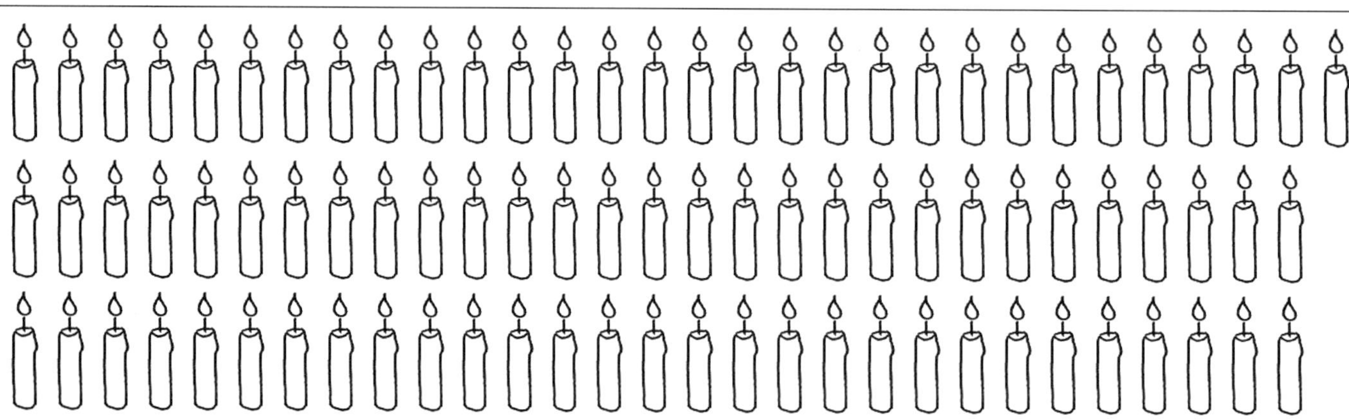

Male auf jede Torte 8 Kerzen!

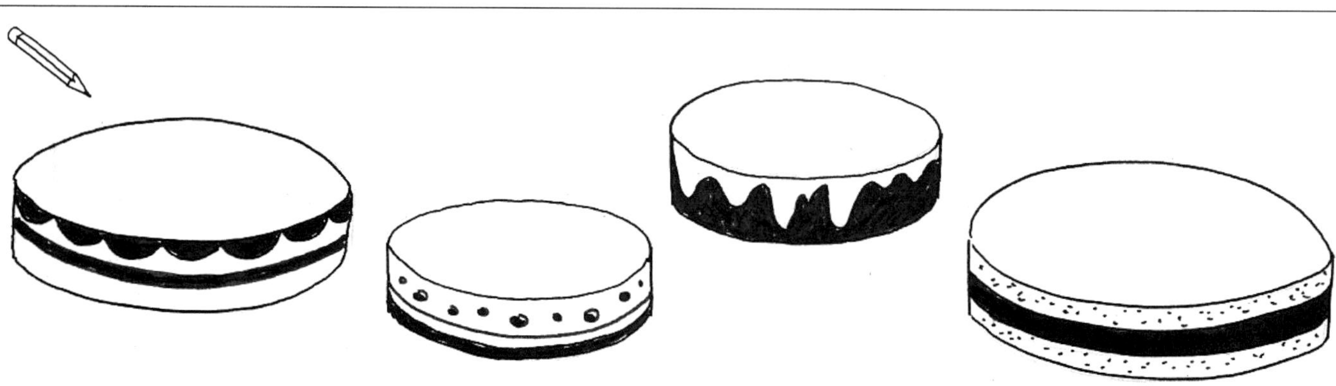

Kistler / Schneider: Rechnen ohne Stolperstein, Band 2A. Illustrationen: Kristina Klotz

Male alle 8er-Plättchen an!

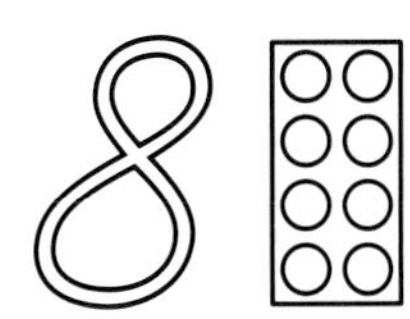

Mengenbildung

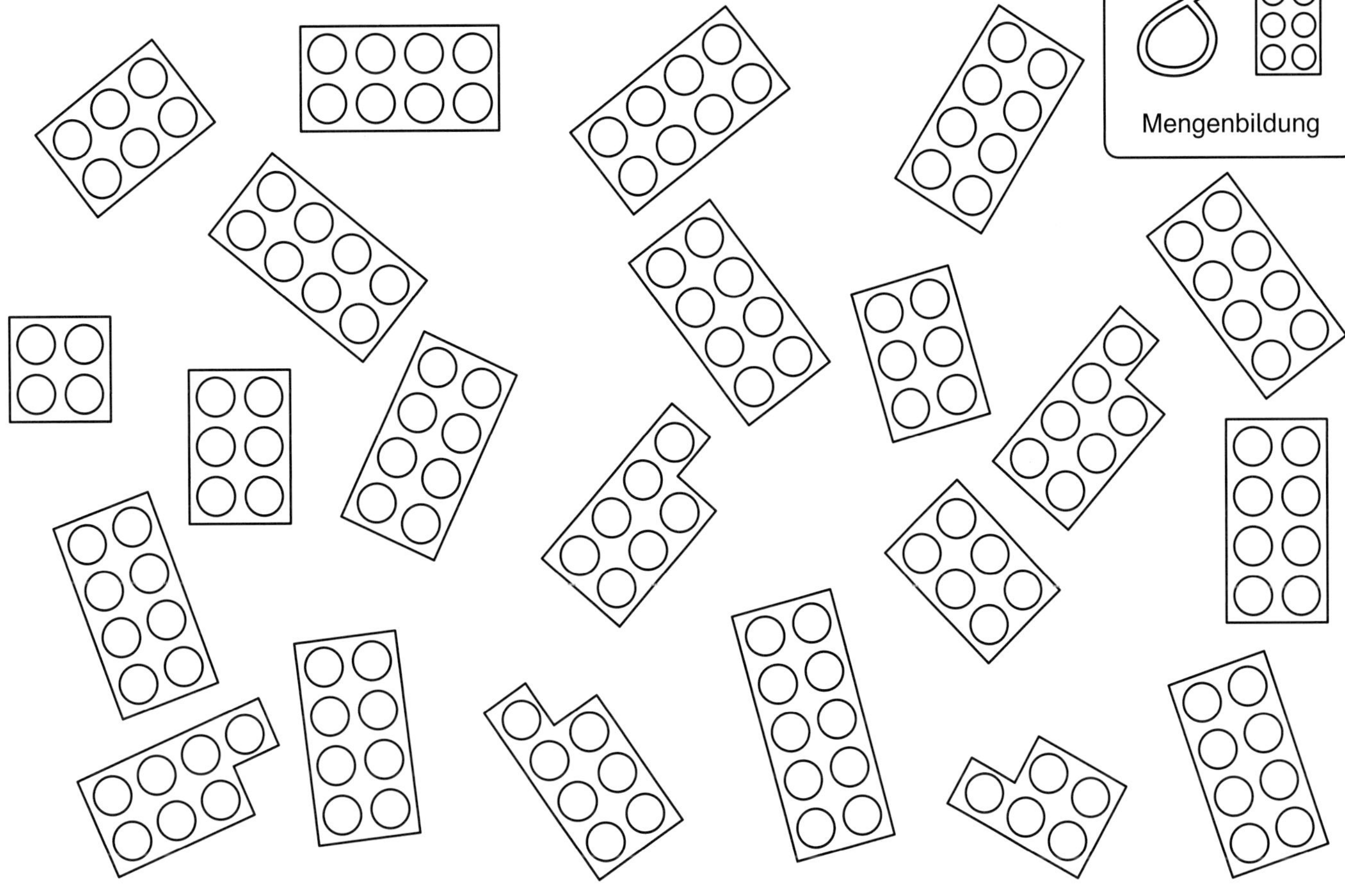

Rahme 8er-Plättchen ein!

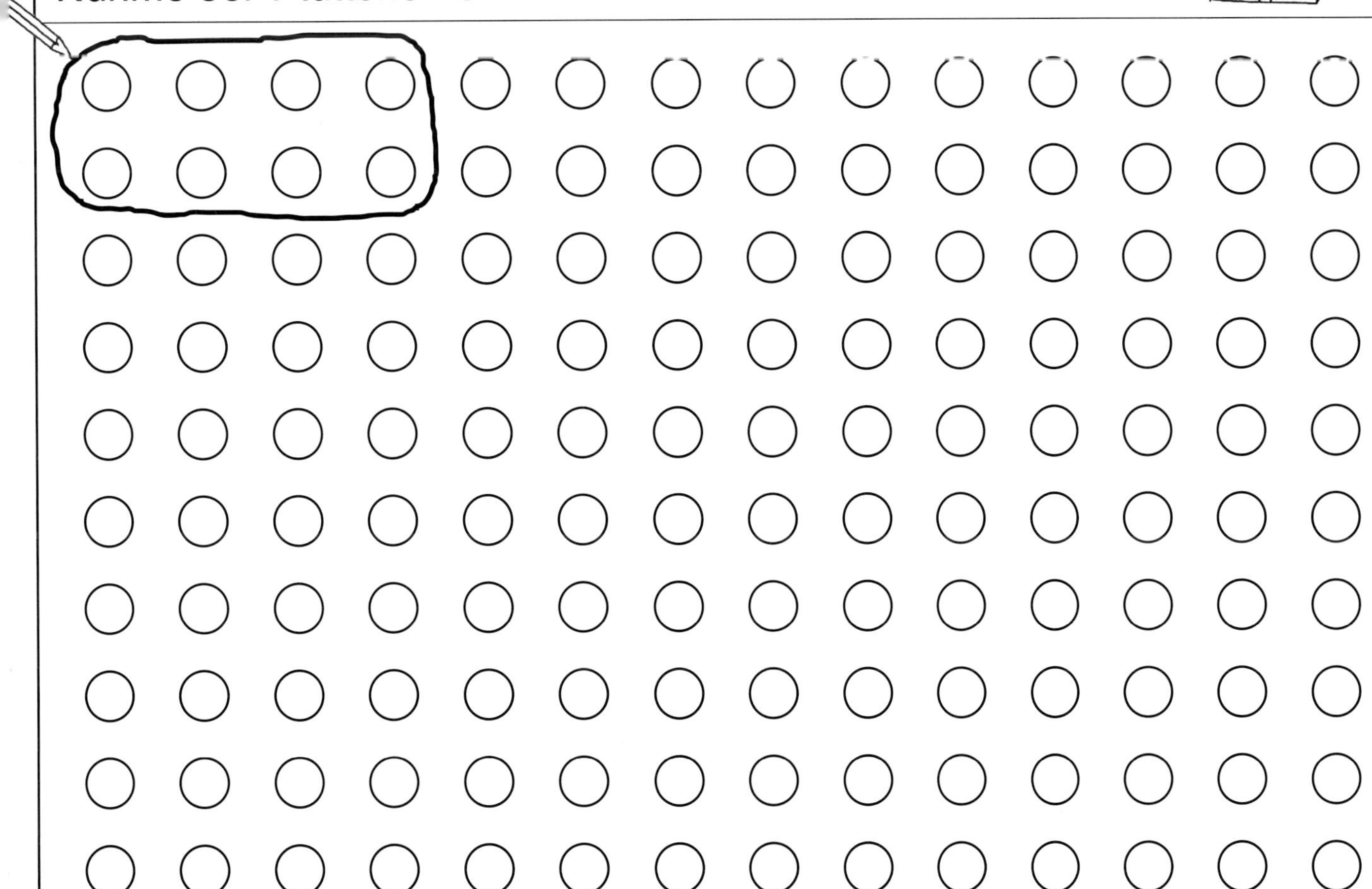

Spure nach und schreibe!

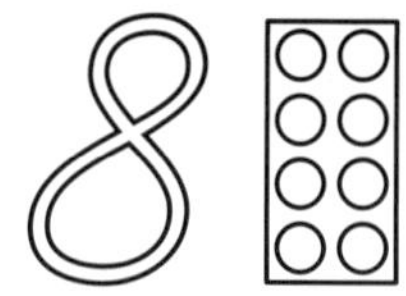

Ziffer schreiben

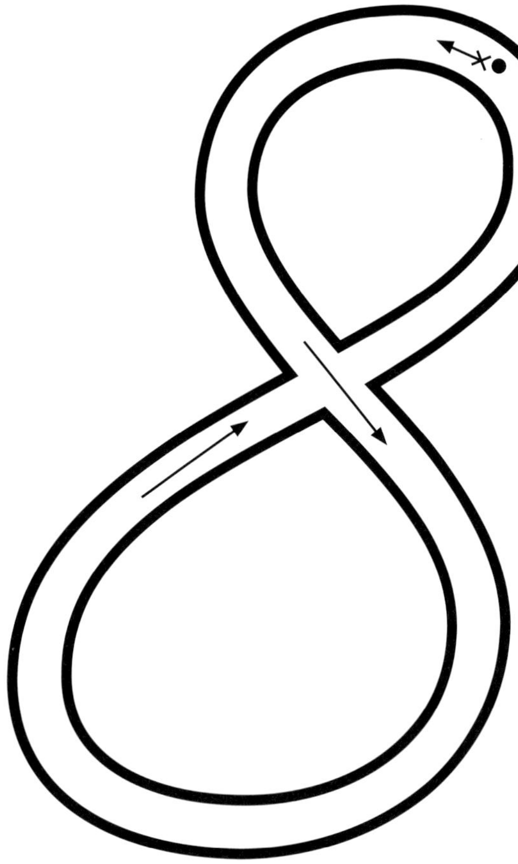

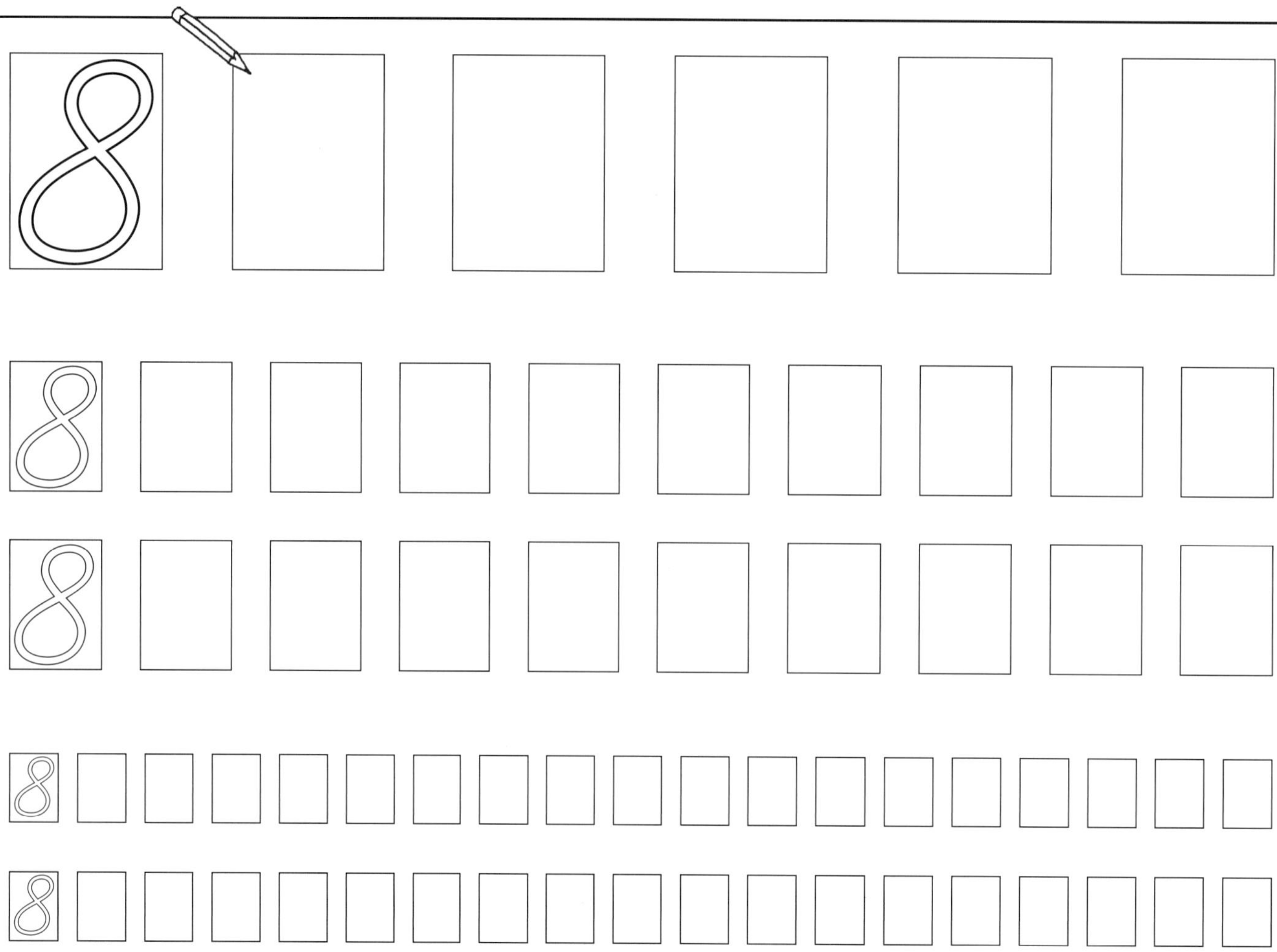

Kistler/Schneider: Rechnen ohne Stolperstein, Band 2A. Illustrationen: Kristina Klotz

Male die Punkte und schreibe die richtige Zahl dazu!

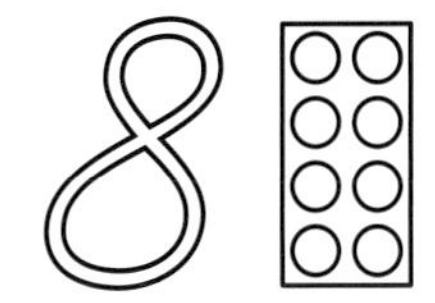

Orientierung

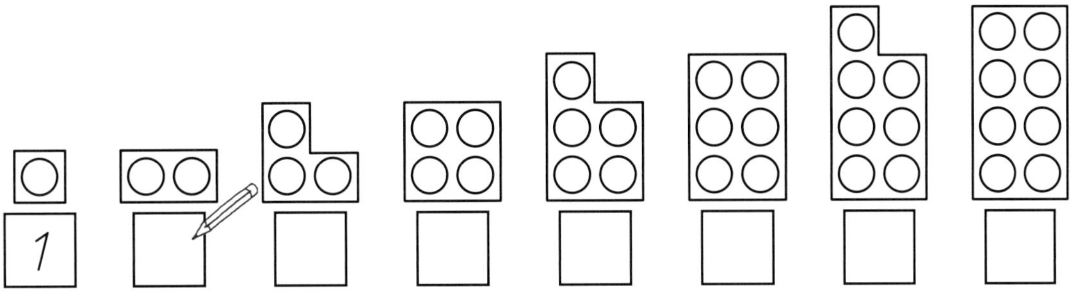

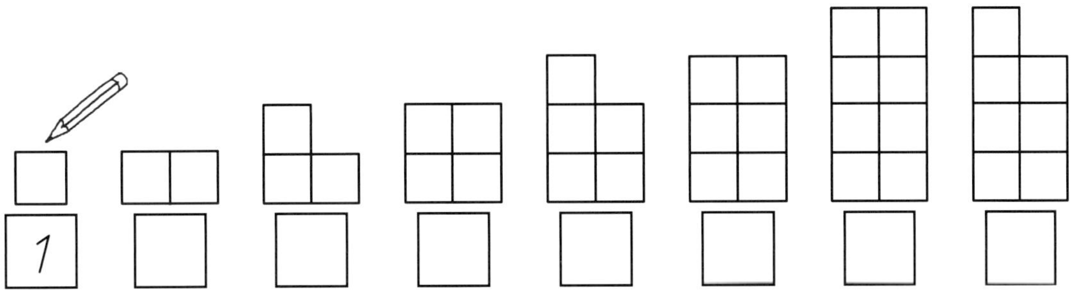

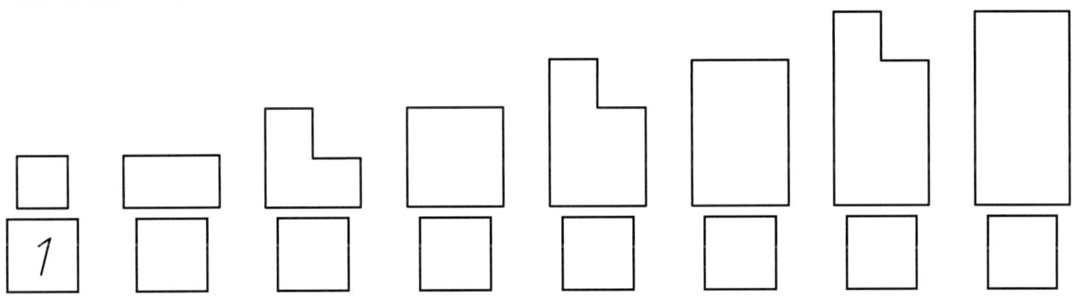

Verbinde in der richtigen Reihenfolge!

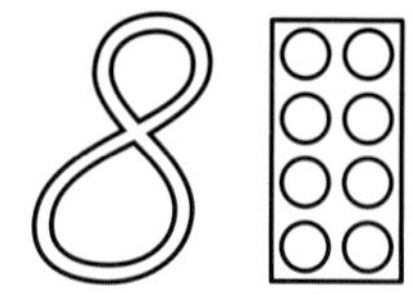

Orientierung

Du kennst dich bis 8 gut aus!

Welche Zahlen fehlen?

Tisch-Nachbarn

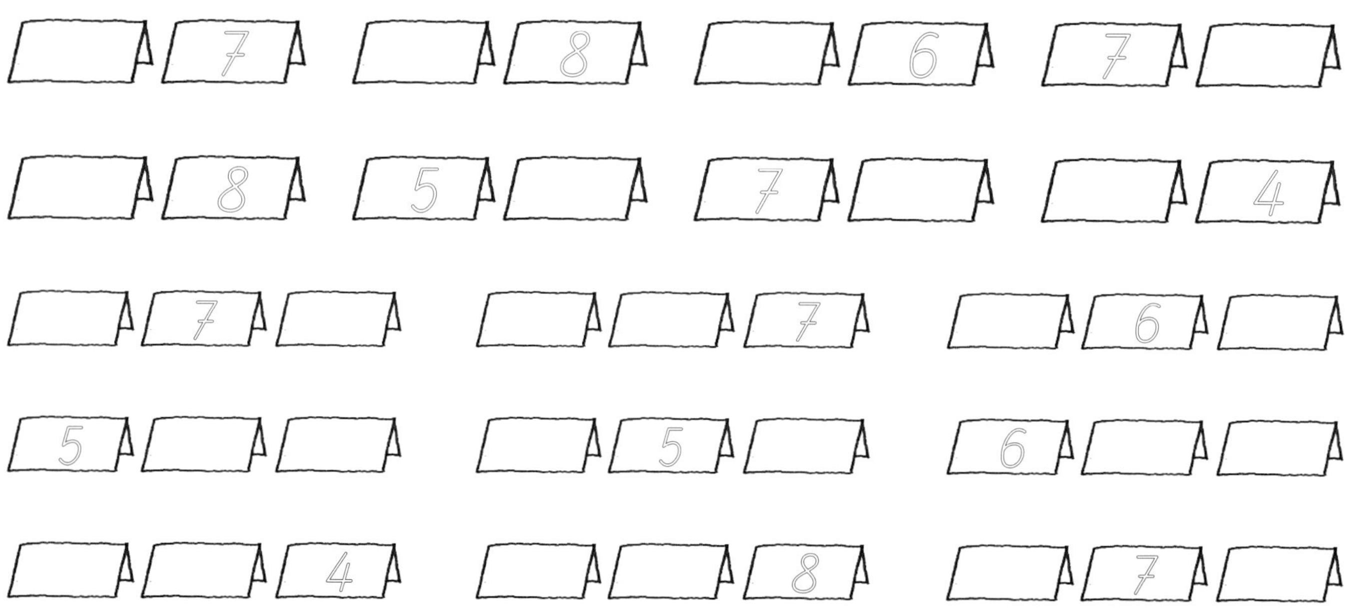

Kistler/Schneider: Rechnen ohne Stolperstein, Band 2A. Illustrationen: Kristina Klotz

Wir vergleichen: 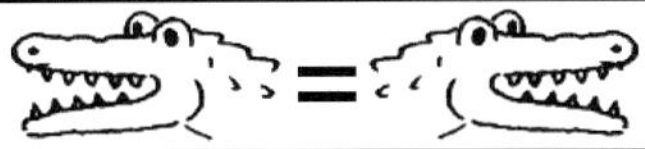

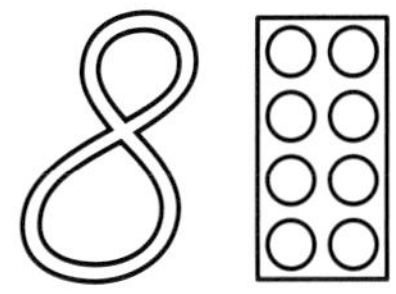
Orientierung > = <

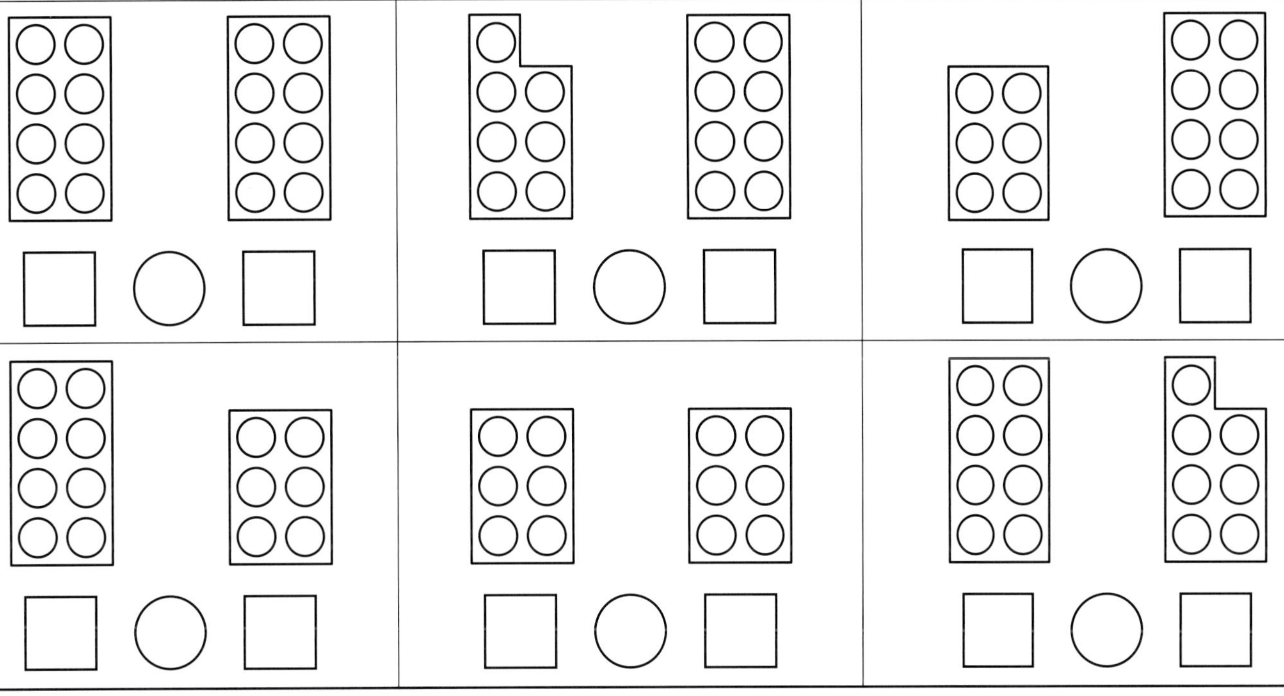

Kleiner, größer oder gleich?

6	◯	8	8	◯	7	6	◯	7	6	◯	0
5	◯	7	0	◯	0	8	◯	4	8	◯	1
6	◯	5	5	◯	8	0	◯	8	6	◯	6
8	◯	8	0	◯	8	7	◯	7	2	◯	8

Finde eine passende Lösung!

8	>	□	7	>	□	8	>	□	6	<	□
6	<	□	6	=	□	5	=	□	0	<	□
7	<	□	3	>	□	8	>	□	8	>	□

Wir zerlegen:

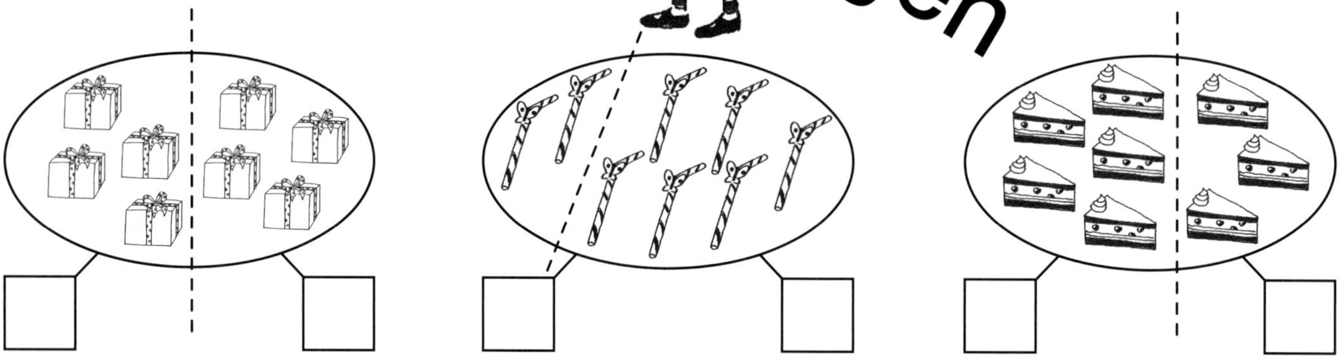

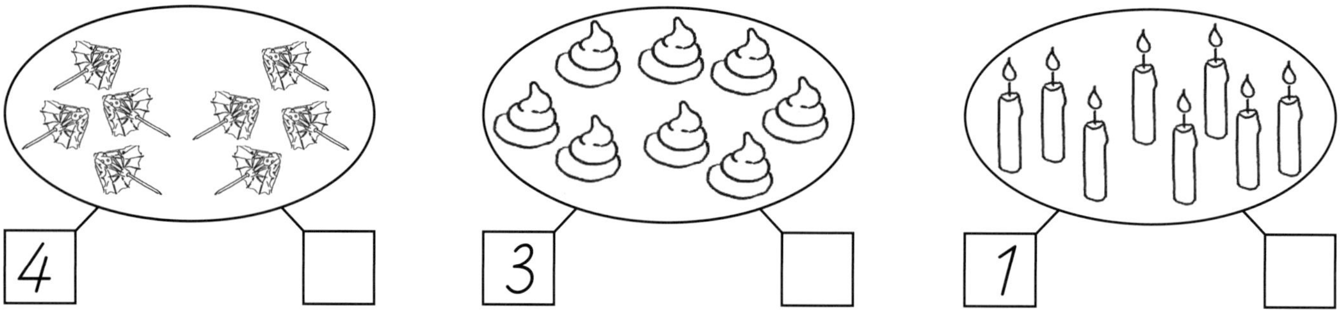

Wie ist die 8 zerlegt?

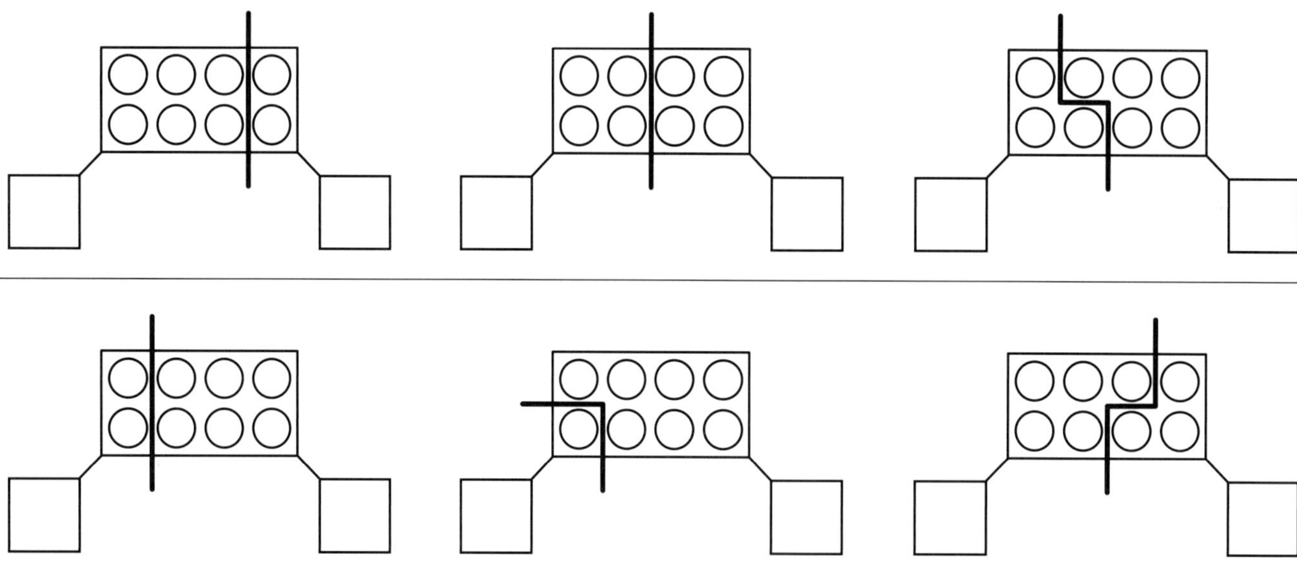

Zerlege selbst!

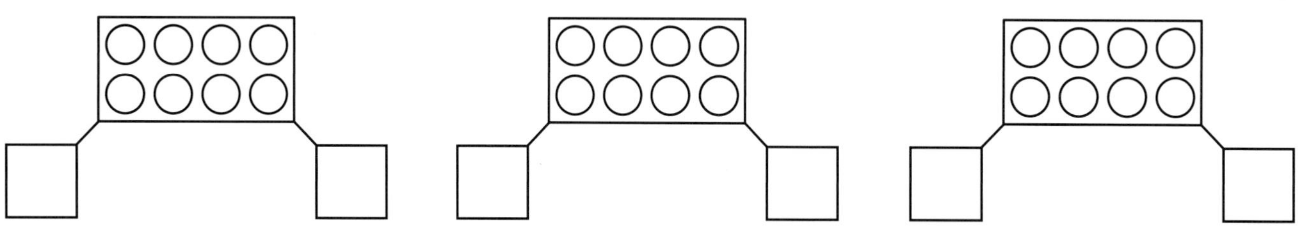

Kistler/Schneider: Rechnen ohne Stolperstein, Band 2A. Illustrationen: Kristina Klotz

⊕ Plus: Es werden mehr!

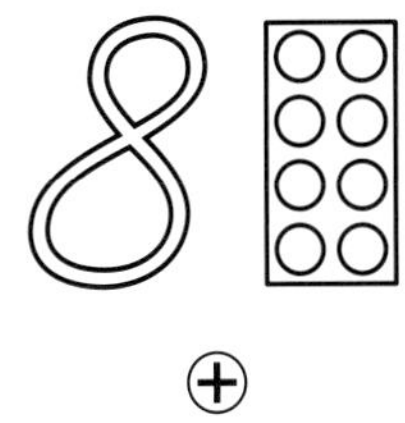

5 + 3 = □

□ ○ □ ○ □

□ ○ □ ○ □

Rechnen mit Plättchen!

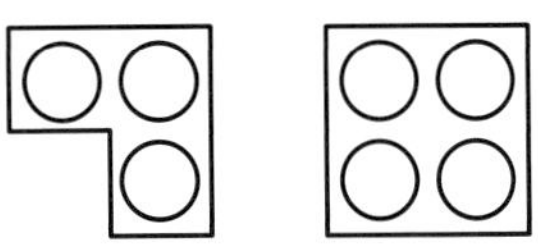

3 + 4 = □

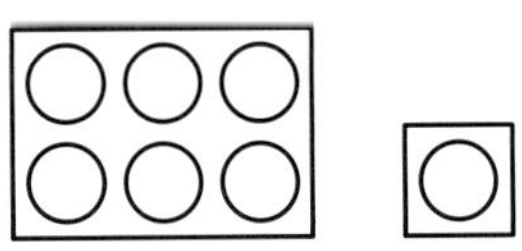

6 + 1 = □

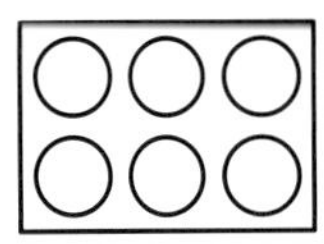

6 + 0 = □

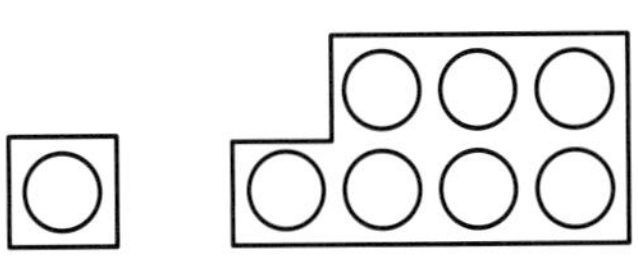

1 + 7 = □

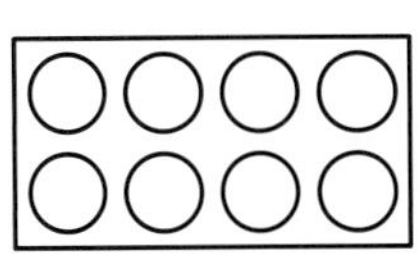

0 + 8 = □

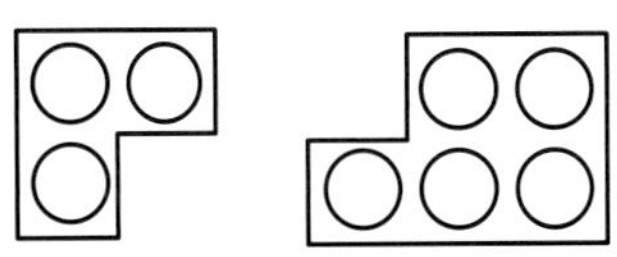

3 + 5 = □

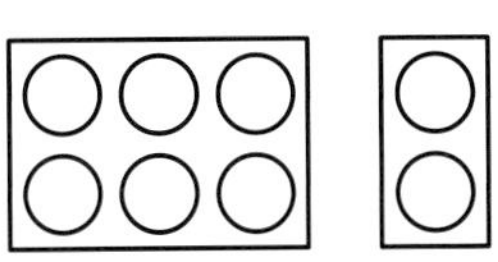

6 + 2 = □

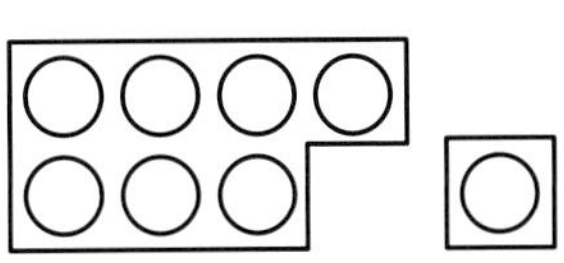

7 + 1 = □

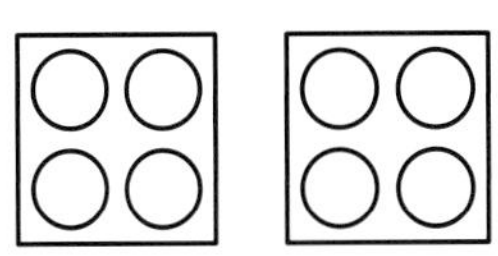

4 + 4 = □

Male die Plättchen und rechne!

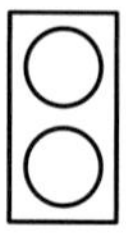 $2 + 6 = \square$	 $1 + 7 = \square$	
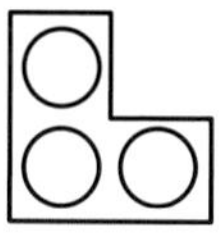 $3 + 3 = \square$	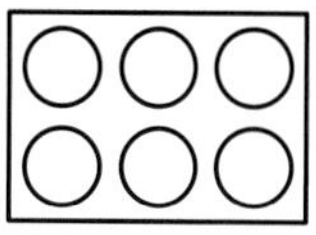 $6 + 2 = \square$	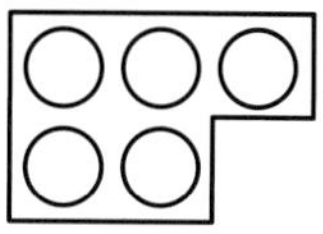 $5 + 3 = \square$
$0 + 8 = \square$	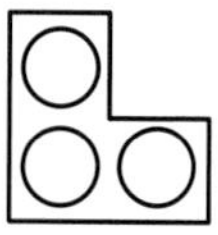 $3 + 5 = \square$	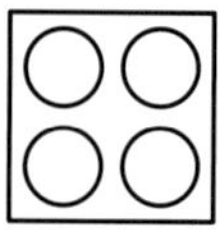 $4 + 4 = \square$

Male die Rechnung!

$1 + 7 = \square$	$5 + 3 = \square$	$3 + 5 = \square$
$7 + 1 = \square$	$6 + 1 = \square$	$2 + 6 = \square$
$8 + 0 = \square$	$4 + 4 = \square$	$6 + 2 = \square$

Kistler/Schneider: Rechnen ohne Stolperstein, Band 2A. Illustrationen: Kristina Klotz

8 ⊕

Wie heißt die Rechnung?

□ ○ □ ○ □

□ ○ □ ○ □

□ ○ □ ○ □

□ ○ □ ○ □

□ ○ □ ○ □

□ ○ □ ○ □

□ ○ □ ○ □

□ ○ □ ○ □

Denke an die Plättchen und rechne!

0 + 8 = □	4 + 4 = □	5 + 3 = □
3 + 3 = □	3 + 4 = □	7 + 1 = □
6 + 2 = □	2 + 6 = □	1 + 6 = □

Finde selbst Aufgaben!

□ + □ = 8	□ + □ = 7	□ + □ = 6
□ + □ = 8	□ + □ = 7	□ + □ = 6
□ + □ = 8	□ + □ = 7	□ + □ = 6

Für Spürnasen: Rechne zuerst, finde dann eine passende Aufgabe!

8 ⊕

3 + 5 = ☐	2 + 3 = ☐
3 + 4 = ☐	3 + 2 = ☐
3 + 3 = ☐	3 + 4 = ☐
☐ + ☐ = ☐	☐ + ☐ = ☐

Kettenaufgaben

2 + 4 + 2 = ☐ (6)	3 + 3 + 2 = ☐ (☐)
1 + 5 + 1 = ☐ (☐)	1 + 4 + 3 = ☐ (☐)
2 + 0 + 6 = ☐ (☐)	3 + 4 + 1 = ☐ (☐)

Rechen-Paket

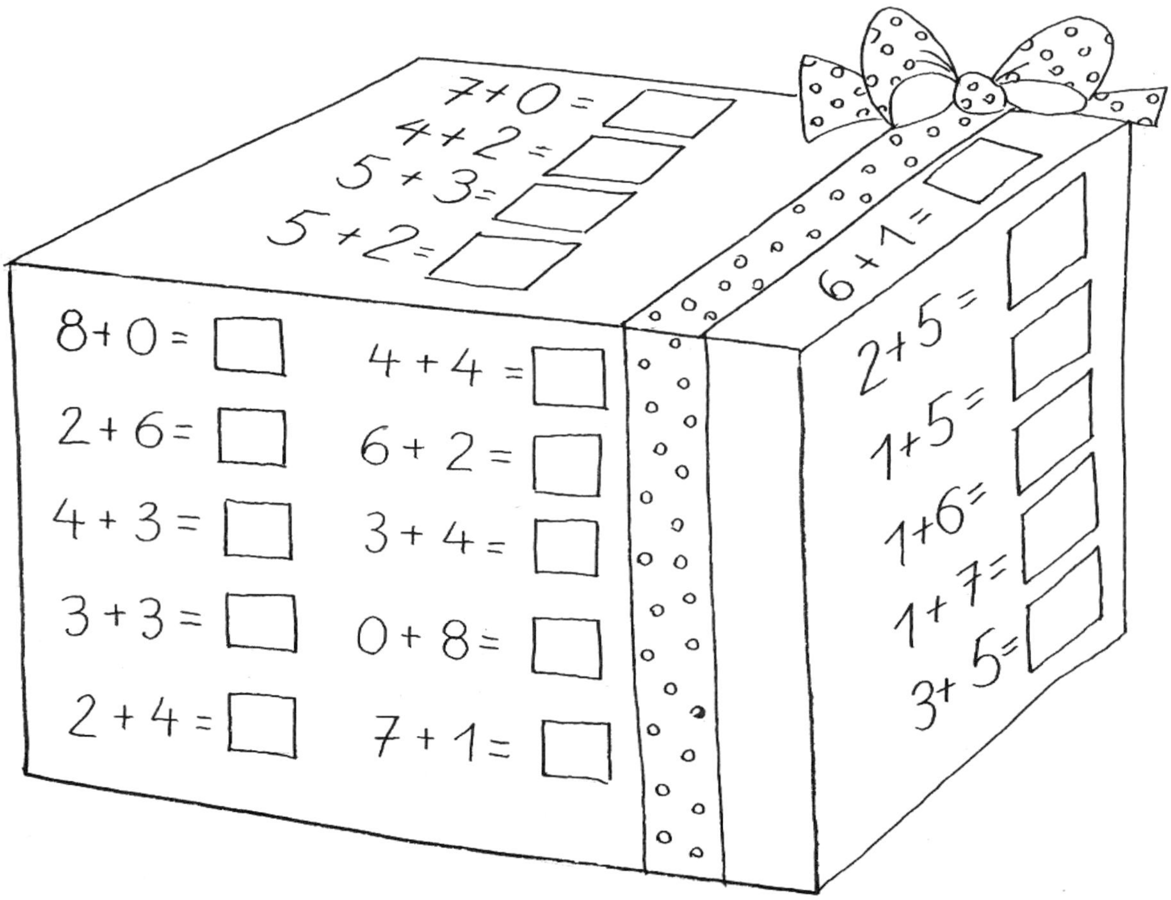

Kistler/Schneider: Rechnen ohne Stolperstein, Band 2A. Illustrationen: Kristina Klotz

⊖ Minus: Es werden weniger!

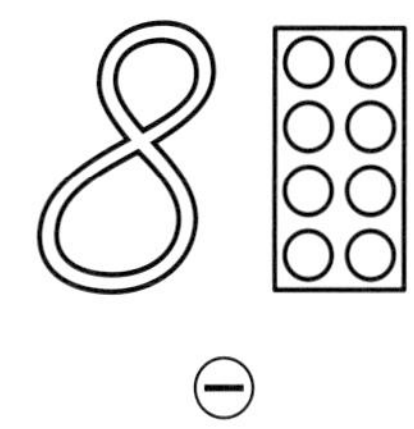

8 − 4 = □

□ ○ □ ○ □

□ ○ □ ○ □

Rechnen mit Plättchen!

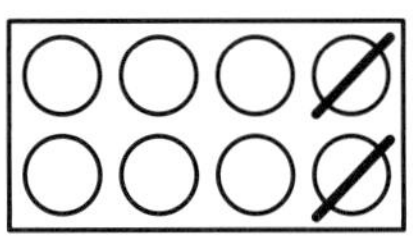

8 − 2 = □

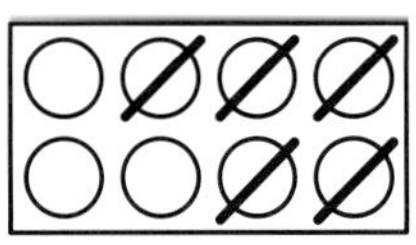

8 − 5 = □

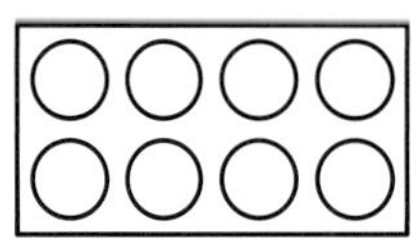

8 − 0 = □

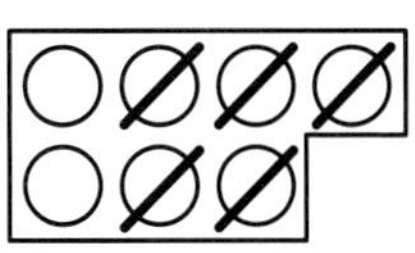

7 − 5 = □

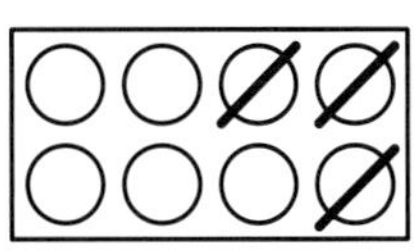

8 − 3 = □

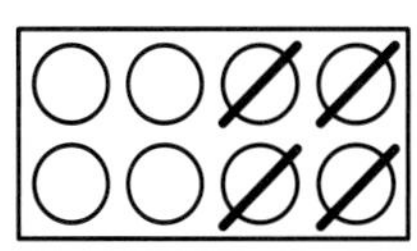

8 − 4 = □

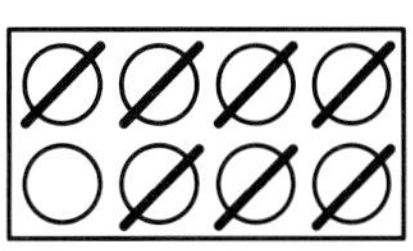

8 − 7 = □

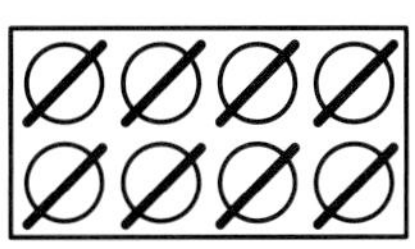

8 − 8 = □

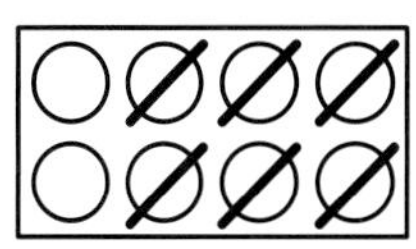

8 − 6 = □

Streiche weg und rechne!

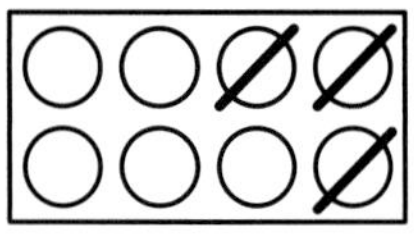

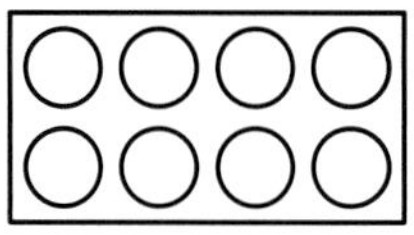

$8 - 3 = \square$

$8 - 2 = \square$

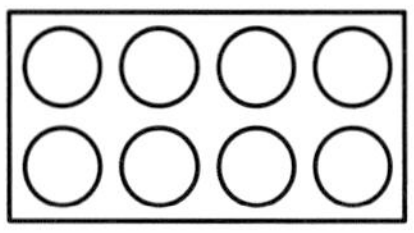

$8 - 5 = \square$

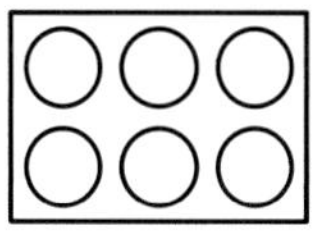

$6 - 4 = \square$

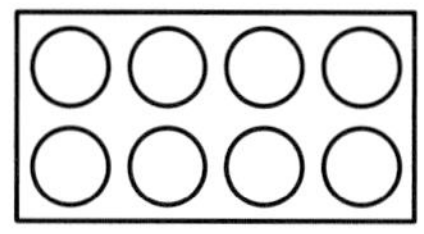

$8 - 6 = \square$

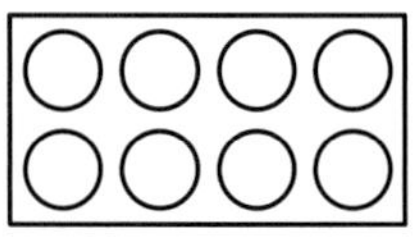

$8 - 1 = \square$

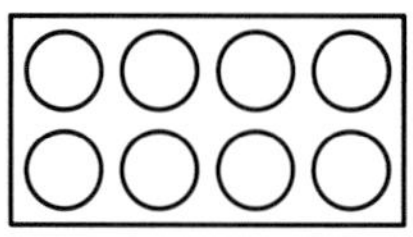

$8 - 4 = \square$

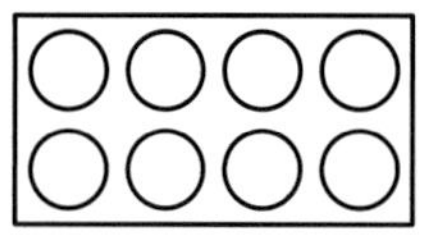

$8 - 8 = \square$

Male die Rechnung!

$8 - 6 = \square$

$8 - 8 = \square$

$8 - 3 = \square$

$8 - 2 = \square$

$8 - 1 = \square$

$8 - 0 = \square$

$8 - 7 = \square$

$8 - 4 = \square$

$8 - 5 = \square$

Kistler/Schneider: Rechnen ohne Stolperstein, Band 2A. Illustrationen: Kristina Klotz

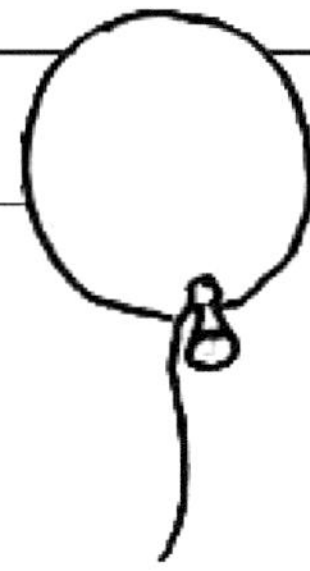
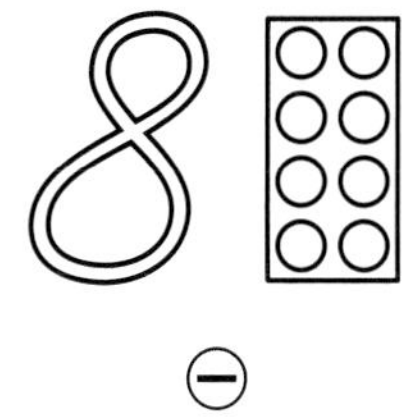

Wie heiβt die Rechnung?

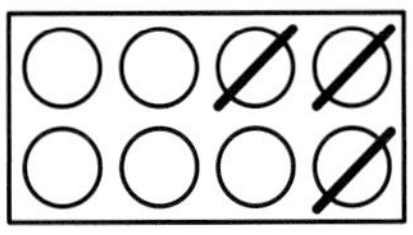

□ ○ □ ○ □

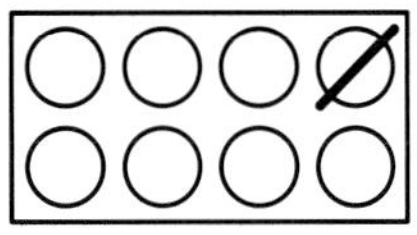

□ ○ □ ○ □

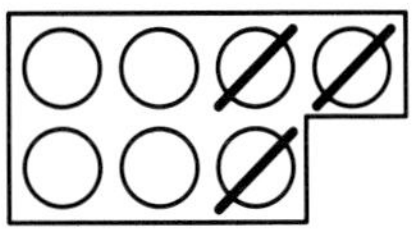

□ ○ □ ○ □

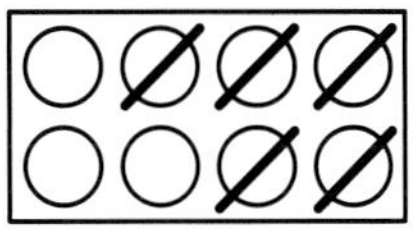

□ ○ □ ○ □

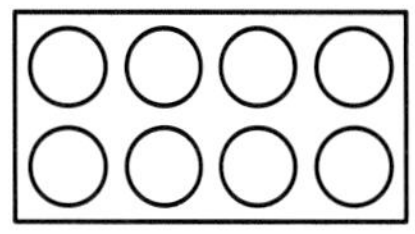

□ ○ □ ○ □

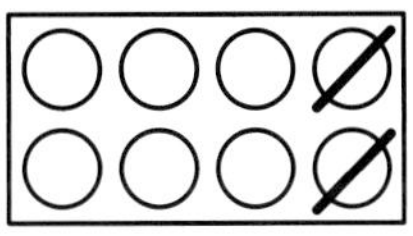

□ ○ □ ○ □

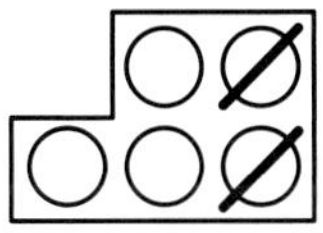

□ ○ □ ○ □

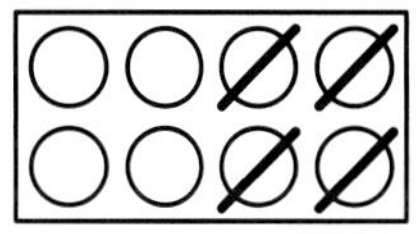

□ ○ □ ○ □

Denke an die Plättchen und rechne!

6 − 5 = □	8 − 3 = □	8 − 4 = □
8 − 6 = □	7 − 6 = □	7 − 5 = □
8 − 8 = □	8 − 7 = □	8 − 5 = □

Finde selbst Aufgaben!

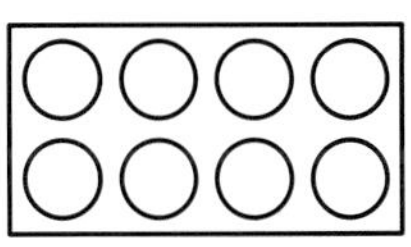	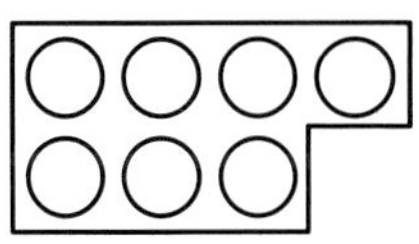	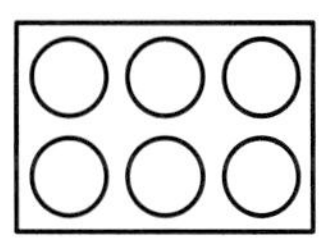
8 − □ = □	7 − □ = □	6 − □ = □
8 − □ = □	7 − □ = □	6 − □ = □
8 − □ = □	7 − □ = □	6 − □ = □

Für Spürnasen: Rechne zuerst, finde dann eine passende Aufgabe!

8 ⊖

8 − 1 = □	8 − 8 = □	
7 − 2 = □	8 − 7 = □	
6 − 3 = □	8 − 6 = □	
□ − □ = □	□ − □ = □	

Kettenaufgaben

7 − 3 − 3 = □ (4)	6 − 3 − 2 = □ (□)
8 − 2 − 6 = □ (□)	8 − 5 − 3 = □ (□)
8 − 1 − 5 = □ (□)	8 − 0 − 5 = □ (□)

Rechen-Bonbons

7 − 6 = □
7 − 5 = □
8 − 8 = □
4 − 3 = □
8 − 1 = □
8 − 2 = □

6 − 5 = □
8 − 5 = □
7 − 4 = □
8 − 7 = □
8 − 6 = □
6 − 3 = □

5 − 2 = □
7 − 3 = □
8 − 0 = □
6 − 2 = □
5 − 3 = □
6 − 4 = □

Kistler/Schneider: Rechnen ohne Stolperstein, Band 2A. Illustrationen: Kristina Klotz

Was passiert? Achte auf ⊕ und ⊖ !

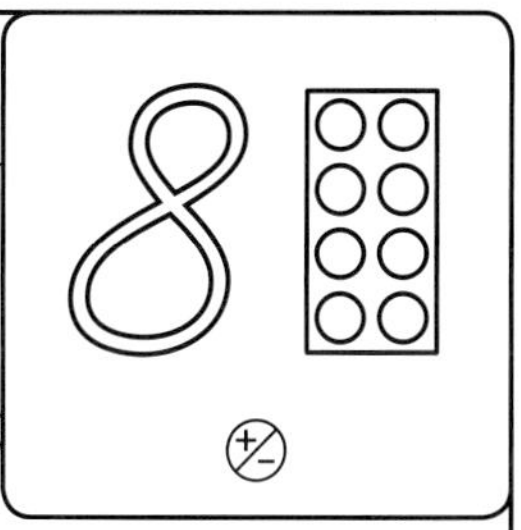

5 + 3 = □

8 − 5 = □

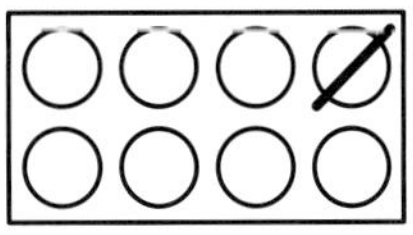

□ ○ □ ○ □

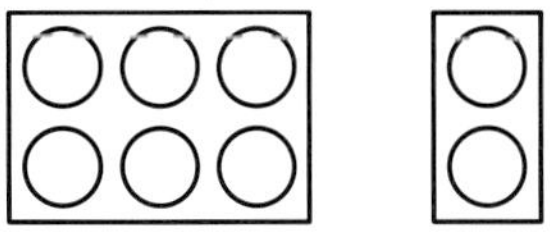

□ ○ □ ○ □

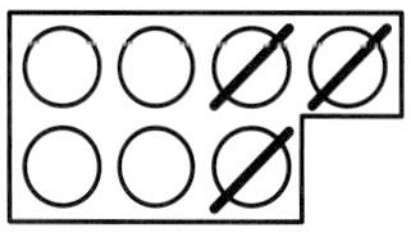

□ ○ □ ○ □

Male die Rechnung!

4 + 4 = □	8 − 7 = □	8 − 5 = □
8 − 4 = □	8 − 0 = □	6 + 2 = □
1 + 7 = □	5 + 2 = □	7 − 3 = □

Dazu oder weg? Rechne!

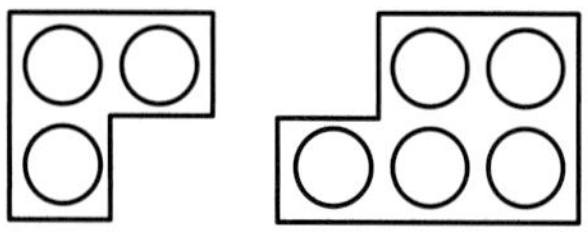

$3 + 5 =$ ☐

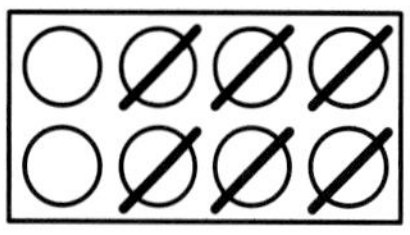

$8 - 6 =$ ☐

$5 + 3 =$ ☐

$8 - 0 =$ ☐

$8 + 0 =$ ☐

$8 - 1 =$ ☐

$2 + 6 =$ ☐

$8 - 3 =$ ☐

$8 - 5 =$ ☐

$7 + 1 =$ ☐

$8 - 3 =$ ☐

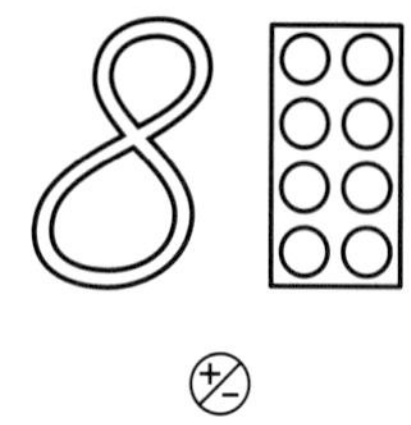

Kettenaufgaben

5
$8 - 3 + 2 =$ ☐

☐
$4 + 2 - 3 =$ ☐

☐
$7 - 2 - 4 =$ ☐

☐
$2 + 3 + 3 =$ ☐

☐
$8 - 2 - 5 =$ ☐

☐
$1 + 4 - 3 =$ ☐

Rechne und male richtig an!

0 = weiß
1 = hellbraun
2 = grün
3 = dunkelbraun
4 = lila
5 = blau
6 = orange
7 = rot
8 = gelb

Kistler/Schneider: Rechnen ohne Stolperstein, Band 2A. Illustrationen: Kristina Klotz

Was passiert? ⊕ oder ⊖ ?

8

5 ◯ 3 = 8	2 ◯ 6 = 8	
7 ◯ 2 = 5	1 ◯ 4 = 5	
2 ◯ 5 = 7	3 ◯ 5 = 8	8 ◯ 7 = 1
8 ◯ 2 = 6	7 ◯ 3 = 4	4 ◯ 1 = 3
8 ◯ 5 = 3	8 ◯ 8 = 0	7 ◯ 1 = 8
1 ◯ 6 = 7	0 ◯ 8 = 8	4 ◯ 4 = 8
6 ◯ 3 = 3	7 ◯ 6 = 1	8 ◯ 2 = 6
2 ◯ 4 = 6	6 ◯ 4 = 2	6 ◯ 2 = 8

Finde selbst Aufgaben!

□ + □ = 8	□ − □ = 7	□ + □ = 6
□ − □ = 8	□ + □ = 7	□ + □ = 6
□ − □ = 8	□ + □ = 7	□ − □ = 6

Rechne mit dem Ergebnis weiter!

0 | + 7 = □ | − 4 = □ | − 3 = □ | + 2 = □ | + 6 = □

8 | − 3 = □ | − 2 = □ | + 4 = □ | + 1 = □ | − 8 = □

Zerlege und rechne!

8 = 4 + ☐

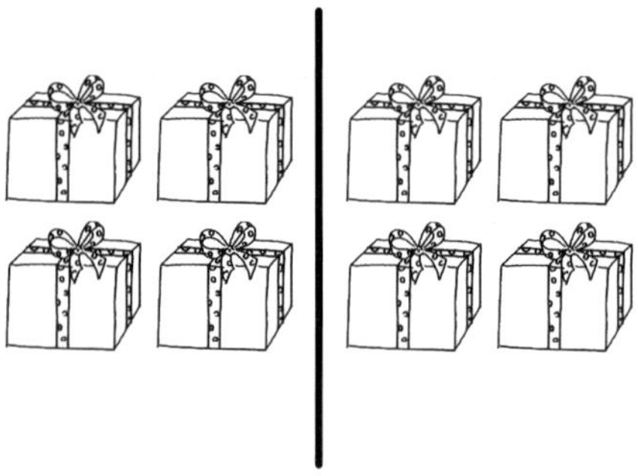

8 = 4 + ☐

8 = 2 + ☐

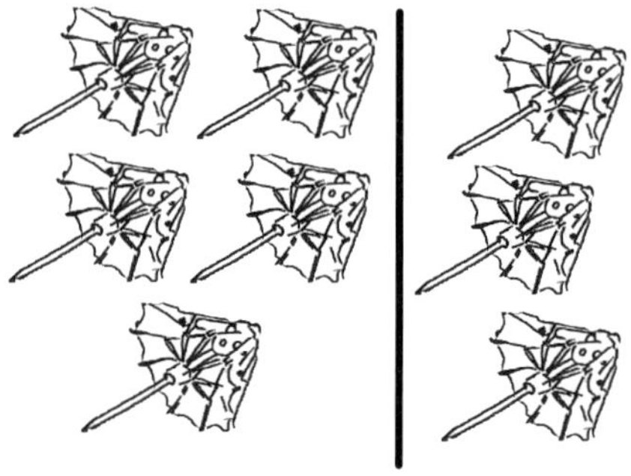

8 = ☐ + 3

Zerlege und rechne!

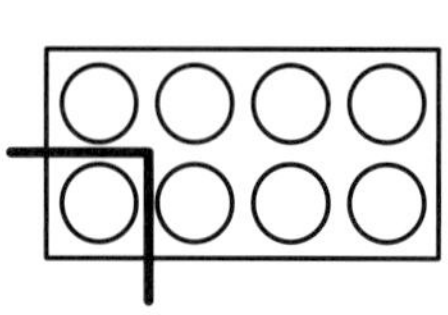

8 = 1 + ☐

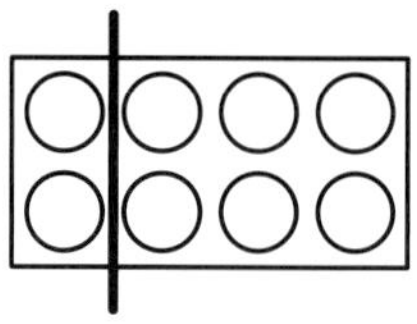

8 = ☐ + 6

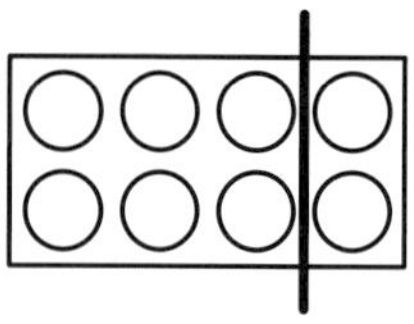

8 = 6 + ☐

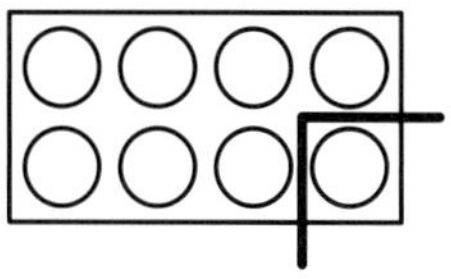

8 = 7 + ☐

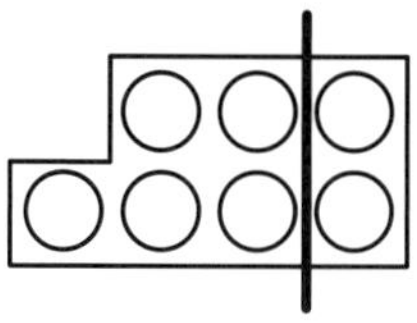

7 = 5 + ☐

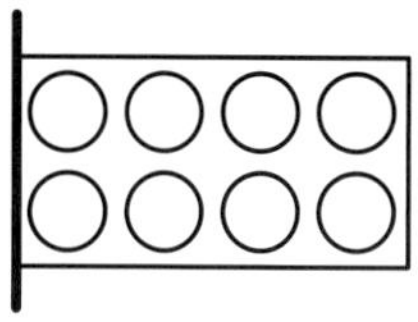

8 = 0 + ☐

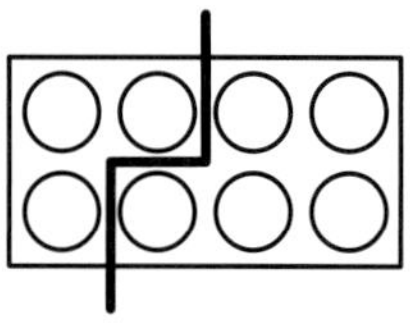

8 = ☐ + 5

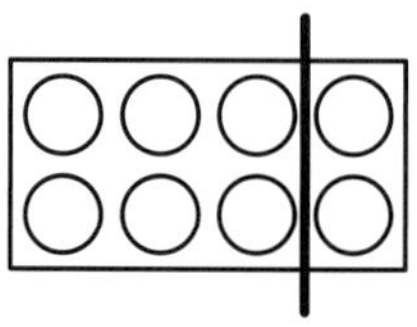

8 = ☐ + 2

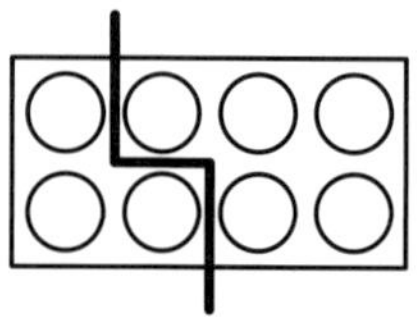

8 = 3 + ☐

Kistler/Schneider: Rechnen ohne Stolperstein, Band 2A. Illustrationen: Kristina Klotz

Male die Rechnung!

$8 = \square + 1$	$8 = 2 + \square$	
$8 = 8 + \square$	$6 = \square + 4$	$8 = 5 + \square$
$8 = 6 + \square$	$8 = \square + 6$	$8 = 7 + \square$

Wie heißt die Rechnung?

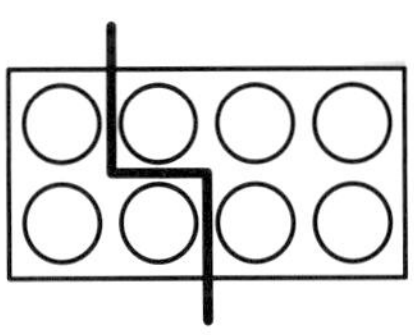 □ ○ □ ○ □	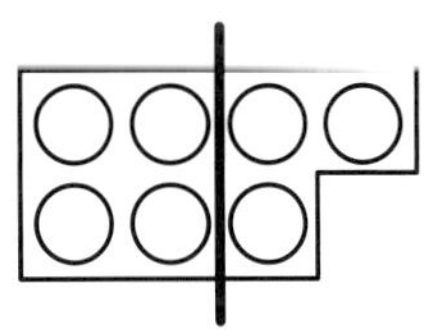 □ ○ □ ○ □	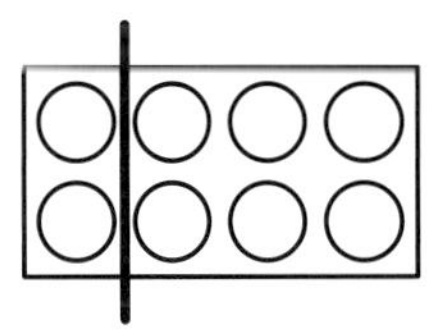 □ ○ □ ○ □
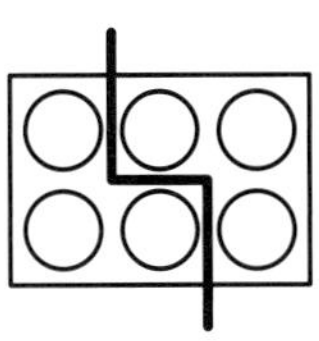 □ ○ □ ○ □	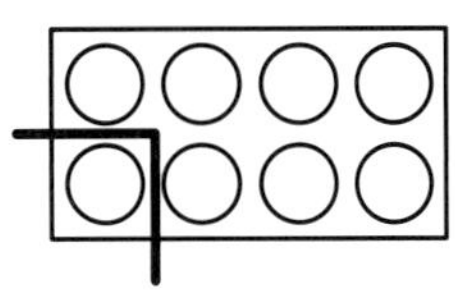 □ ○ □ ○ □	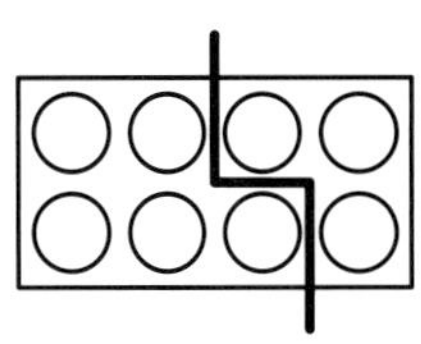 □ ○ □ ○ □
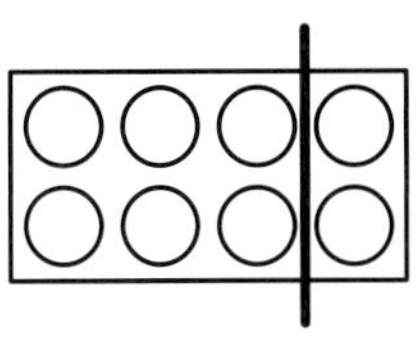 □ ○ □ ○ □	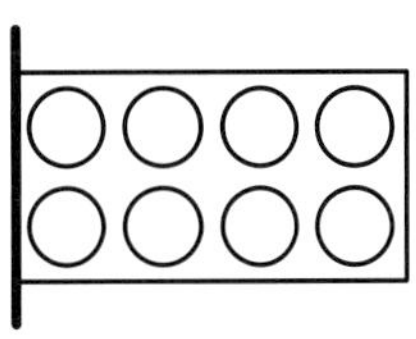 □ ○ □ ○ □	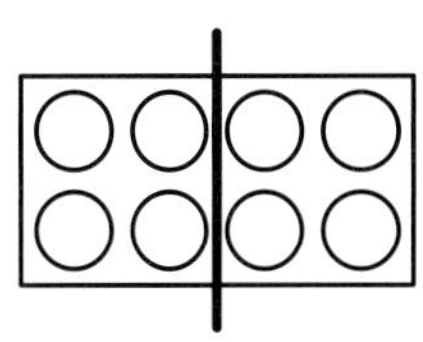 □ ○ □ ○ □

Zerlege und rechne!

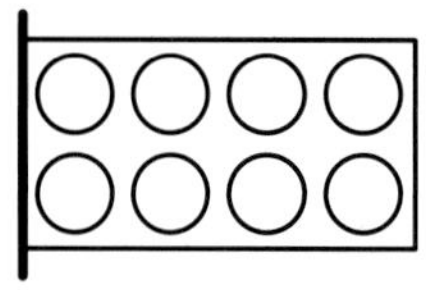

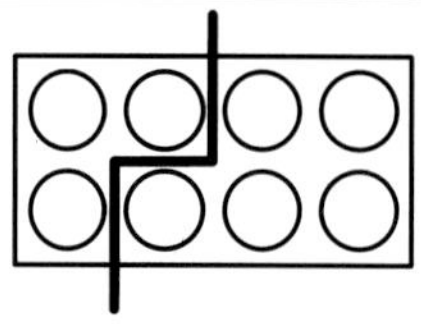

8 = 0 + □	8 = □ + 5	
8 = 2 + □	8 = □ + 8	8 = 1 + □
8 = □ + 7	8 = 8 + □	6 = 4 + □
5 = 3 + □	7 = □ + 5	8 = □ + 1
8 = 4 + □	8 = 3 + □	8 = □ + 5
7 = □ + 1	8 = □ + 2	8 = 6 + □
6 = 3 + □	8 = 5 + □	7 = □ + 3
8 = □ + 6	8 = 2 + □	8 = 7 + □

Lampion-Aufgaben

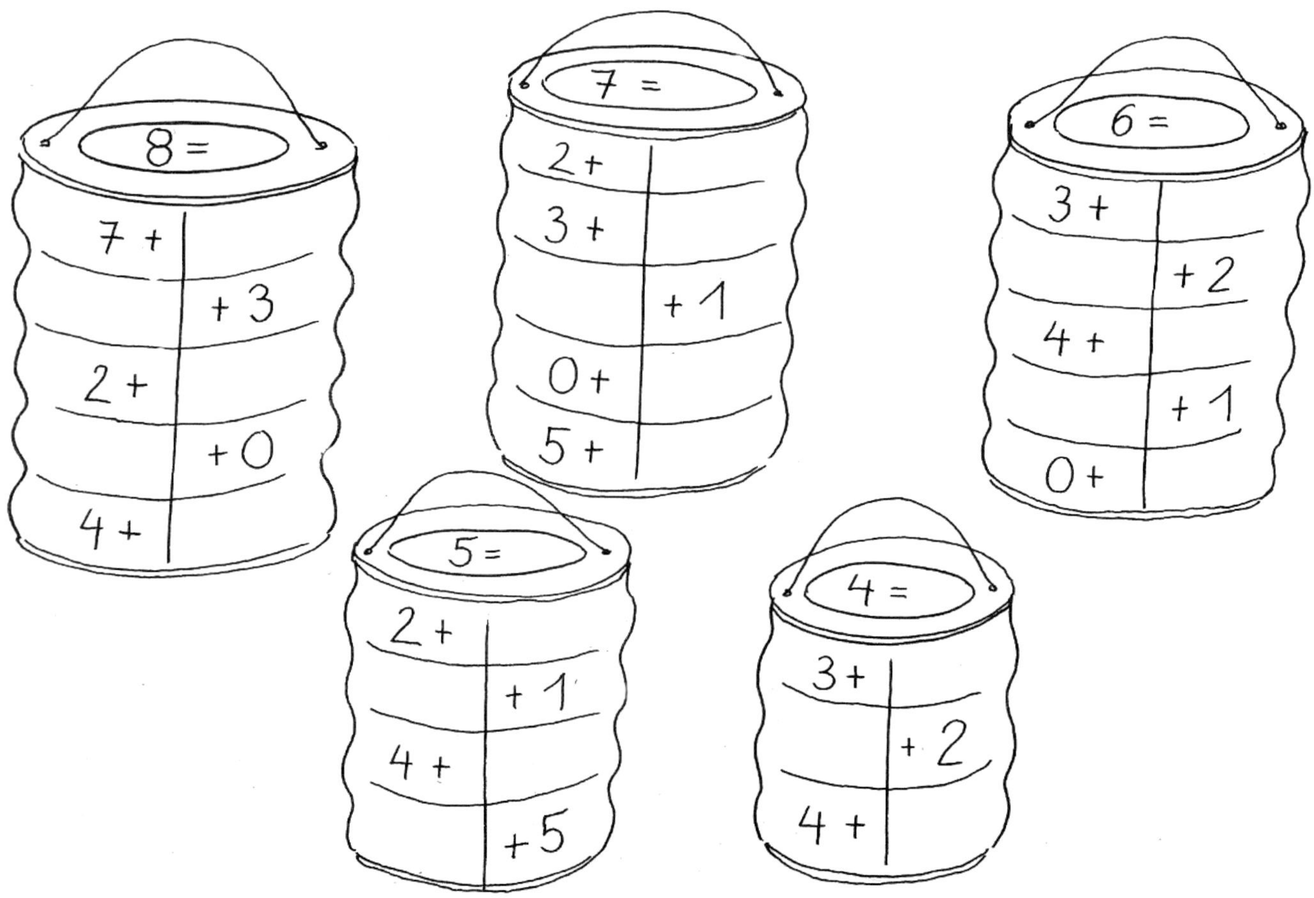

Kistler / Schneider: Rechnen ohne Stolperstein, Band 2A. Illustrationen: Kristina Klotz

Was passiert? ⊕, ⊖ oder ?

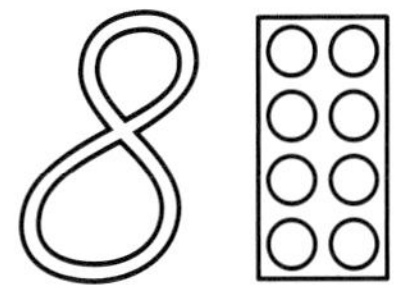

8

Gemischte Aufgaben

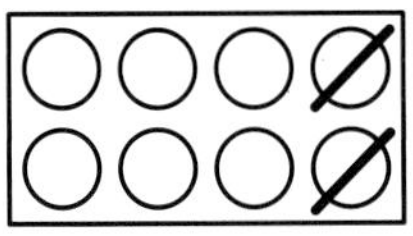 $8 - 2 = \square$	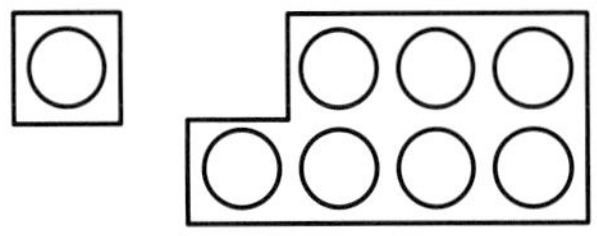 $1 + 7 = \square$	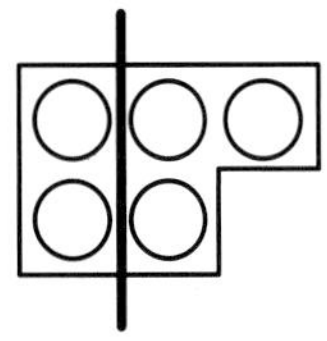 $5 = 2 + \square$
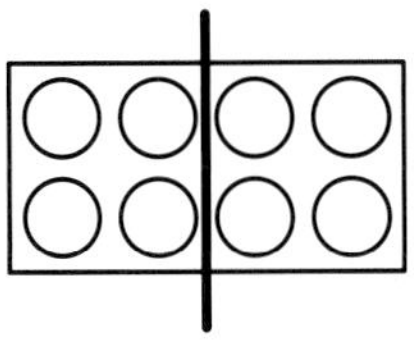 $8 = \square + 4$	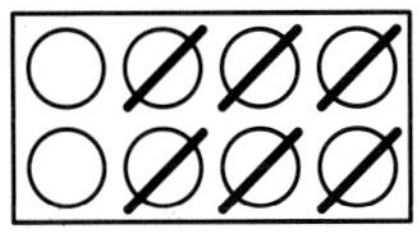 $8 - 6 = \square$	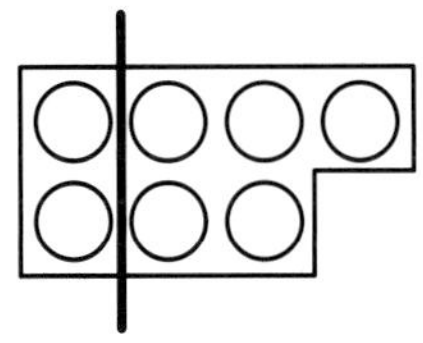 $7 = 2 + \square$
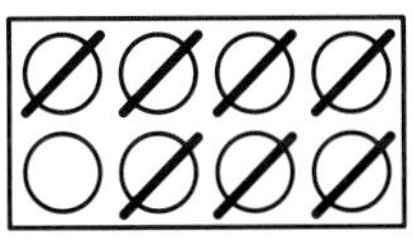 $8 - 7 = \square$	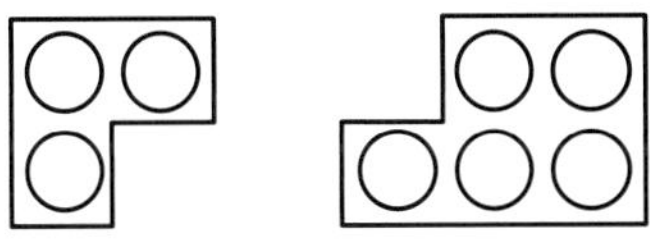 $3 + 5 = \square$	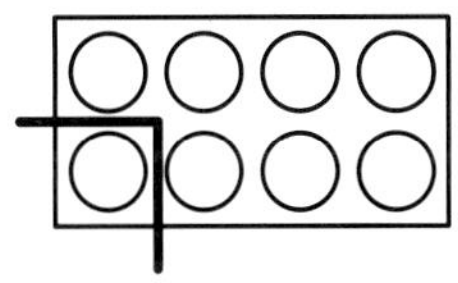 $8 = 1 + \square$

Achtung: Was passiert?

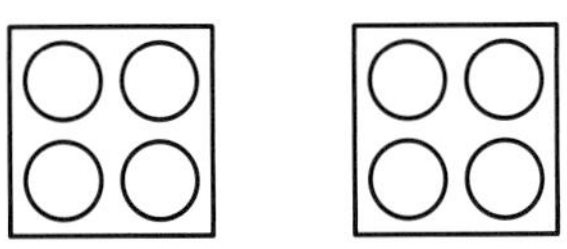 □ ○ □ ○ □	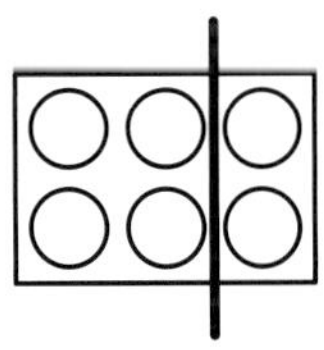 □ ○ □ ○ □	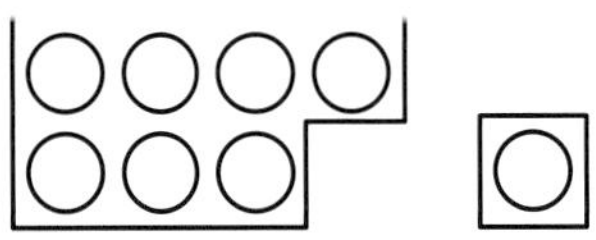 □ ○ □ ○ □
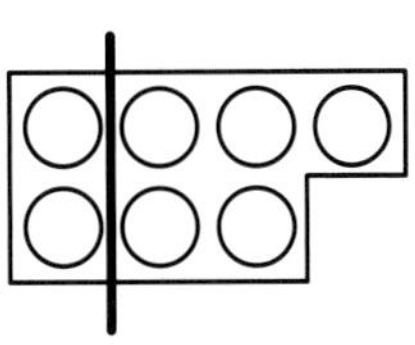 □ ○ □ ○ □	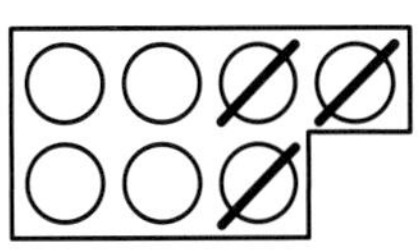 □ ○ □ ○ □	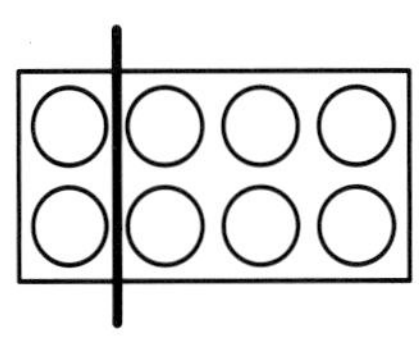 □ ○ □ ○ □
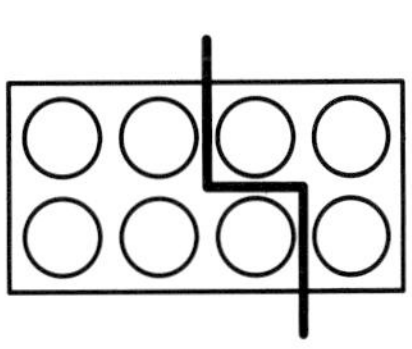 □ ○ □ ○ □	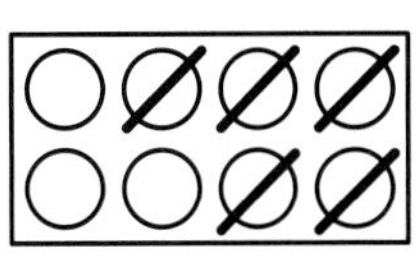 □ ○ □ ○ □	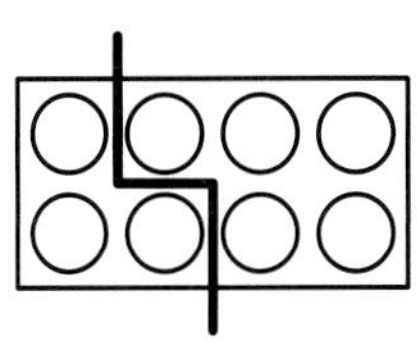 □ ○ □ ○ □

Wie viele sind versteckt?

8 Gemischte Aufgaben

Ich habe **8** Bonbons.

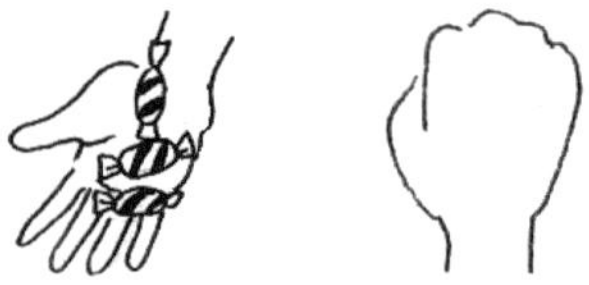

3 | ☐

Ich habe **6** Bonbons.

☐ | ☐

Ich habe **7** Bonbons.

☐ | ☐

Ich habe **8** Bonbons.

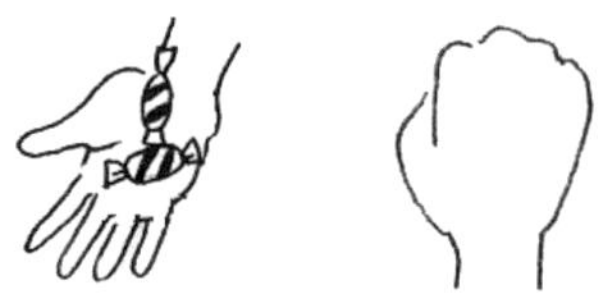

☐ | ☐

Ich habe **8** Bonbons.

☐ | ☐

Wie viele Gummibären sind noch in der Tüte?

2 | ☐

☐ | 3

☐ | 6

2 | ☐

3 | ☐

☐ | 4

Kistler/Schneider: Rechnen ohne Stolperstein, Band 2A. Illustrationen: Kristina Klotz

Drei Freundinnen gehören zusammen:

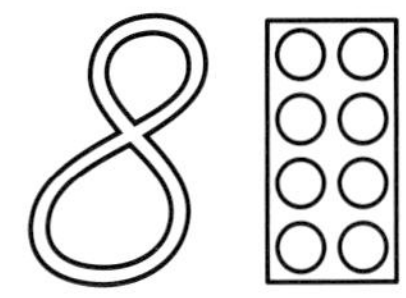

Gemischte Aufgaben

$3 + 5 = \square$

$5 + \square = \square$

$\square - \square = \square$

$\square - \square = \square$

$\square = \square + \square$

$\square = \square + \square$

$\square + \square = \square$

$\square + \square = \square$

$\square - \square = \square$

$\square - \square = \square$

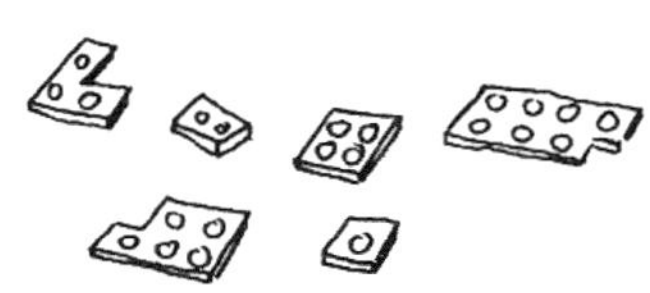

$\square = \square + \square$

$\square = \square + \square$

Drei Freunde gehören zusammen:

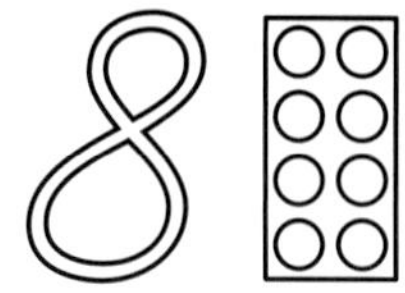

Gemischte Aufgaben

7 + 1 = □

1 + □ = □

□ − □ = □

□ − □ = □

□ = □ + □

□ = □ + □

□ + □ = □

□ + □ = □

□ − □ = □

□ − □ = □

□ = □ + □

□ = □ + □

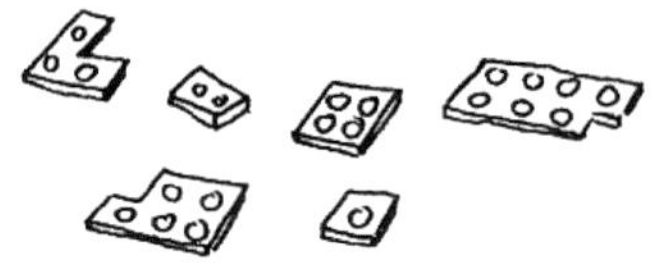

Kistler/Schneider: Rechnen ohne Stolperstein, Band 2A. Illustrationen: Kristina Klotz

8er-Freundinnen: Welche fehlt?

8 – Gemischte Aufgaben

$3 + \square = 8$

$\square - 4 = 4$

$\square + 2 = 8$

$\square = 3 + 5$

$8 - 2 = \square$

$8 = \square + 1$

$\square - 7 = 1$

$4 + 4 = \square$

$8 = 6 + \square$

Drei Freunde: Welcher fehlt?

$5 + \square = 7$

$\square - 3 = 5$

$\square + 4 = 6$

$\square = 2 + 6$

$8 - 5 = \square$

$7 = \square + 2$

$6 - \square = 2$

$6 + 2 = \square$

$8 = 3 + \square$

Die drei Freundinnen helfen dir!

8 Gemischte Aufgaben

4 + 2 = □	5 − 3 = □	
□ − 4 = 4	2 + 5 = □	
8 − 5 = □	□ − 3 = 3	
7 − 5 = □	8 = 0 + □	8 − 4 = □
5 + □ = 8	6 + □ = 8	6 + 2 = □
8 = 2 + □	0 + 8 = □	8 = □ + 6
1 + 7 = □	8 − 6 = □	4 + □ = 8

Rechne und male richtig an!

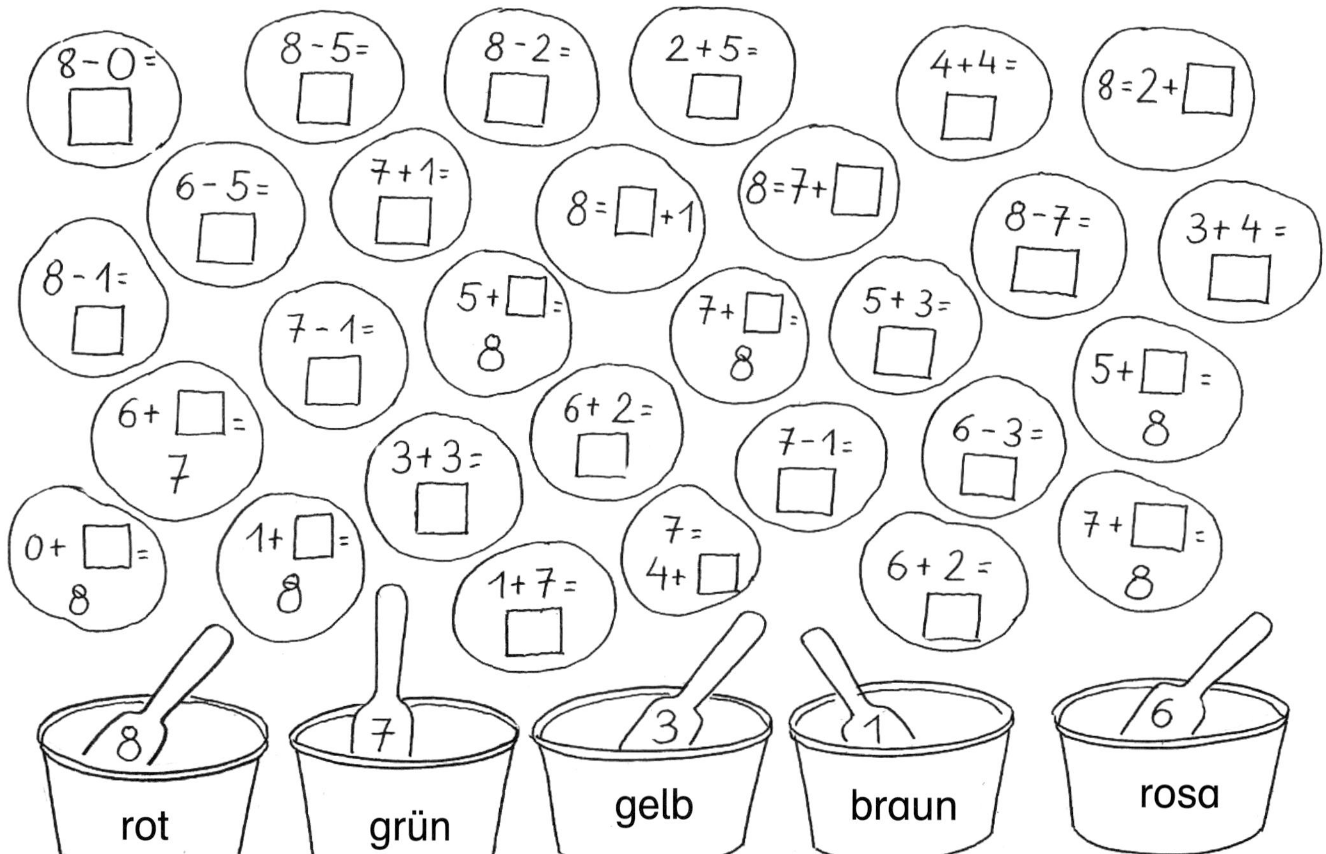

Kistler/Schneider: Rechnen ohne Stolperstein, Band 2A. Illustrationen: Kristina Klotz

Zwillings-Geburtstag: Alles doppelt!

8 Verdoppeln

4 + 4 = ☐

2 + 2 = ☐

3 + 3 = ☐

Das Doppelte: Male dazu, schreibe selbst!

1 + ☐ = ☐

4 + ☐ = ☐

2 + ☐ = ☐

0 + ☐ = ☐

1 + ☐ = ☐

4 + ☐ = ☐

3 + ☐ = ☐

Halbieren: Die Zwillinge teilen gerecht!

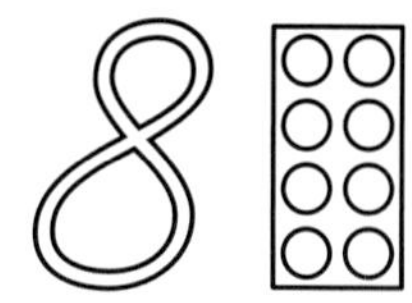

8 = 4 + □

4 = 2 + □

6 = 3 + □

Halbieren: Male und schreibe!

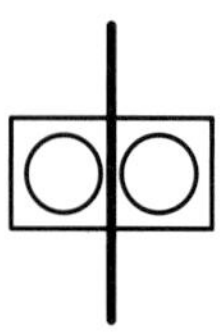

2 = □ + □

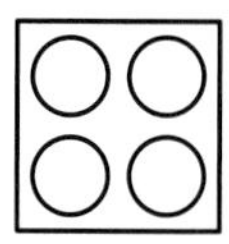

4 = □ + □

6 = □ + □

0 = □ + □

8 = □ + □

2 = □ + □

8 = □ + □

Kistler/Schneider: Rechnen ohne Stolperstein, Band 2A. Illustrationen: Kristina Klotz

Rechengeschichten

8 Gemischte Aufgaben

Auf der Torte sind 8 Kerzen:
Anna hat 4 Kerzen ausgeblasen.
Wie viele Kerzen brennen noch?

Wir rechnen: ☐ ◯ ☐ ◯ ☐

Wir antworten: ____________________

____

Mutter hat 2 Girlanden aufgehängt.
Sie hängt 6 weitere Girlanden auf.
Wie viele Girlanden hängen jetzt?

Wir rechnen: ☐ ◯ ☐ ◯ ☐

Wir antworten: ____________________

____

Zum Geburtstag sind 8 Kinder eingeladen.
2 Kinder müssen früher gehen.
Wie viele Kinder bleiben noch?

Wir rechnen: ☐ ◯ ☐ ◯ ☐

Wir antworten: ____________________

____

Mutter stellt 4 schwarze Schokoküsse auf den Tisch.
Dann stellt sie noch 4 weiße dazu.
Wie viele Schokoküsse sind auf dem Tisch?

Wir rechnen: ☐ ◯ ☐ ◯ ☐

Wir antworten: ____________________

____

Alle Neune!

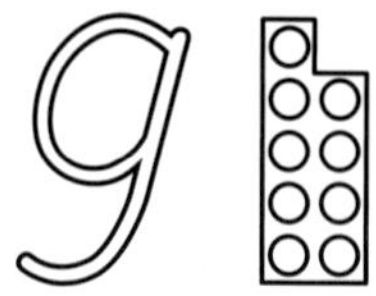

Mengenbildung

Male nur aus, wenn es 9 Kegel sind!

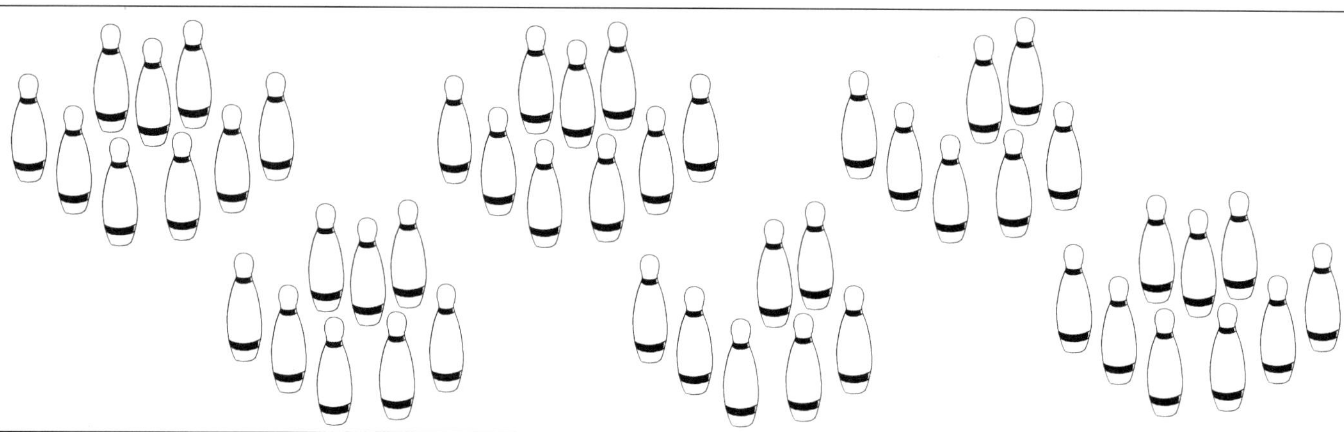

Male immer 9 Kegel in einer Farbe aus!

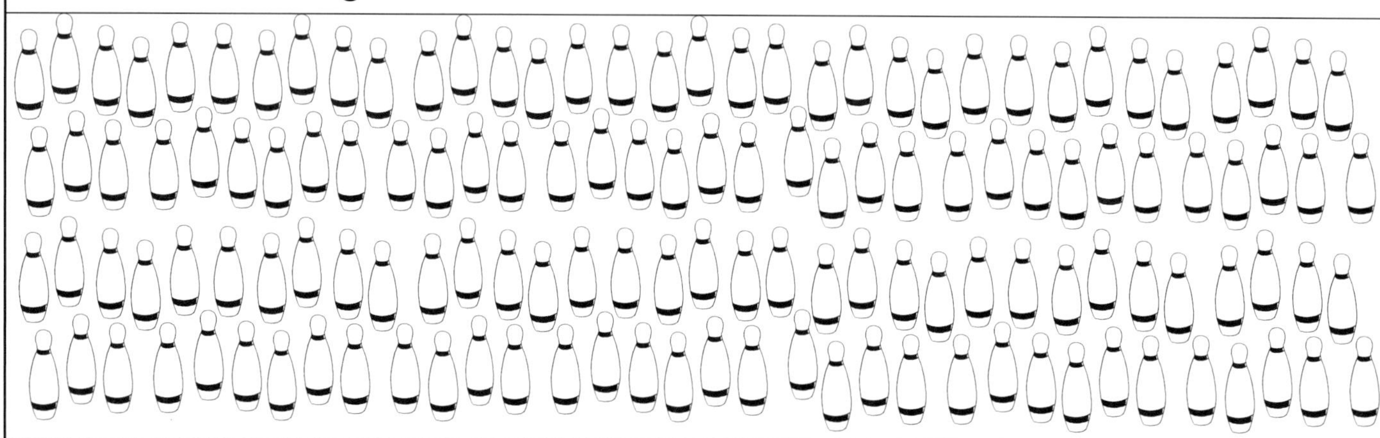

Male immer 9 Kegel in die Kiste!

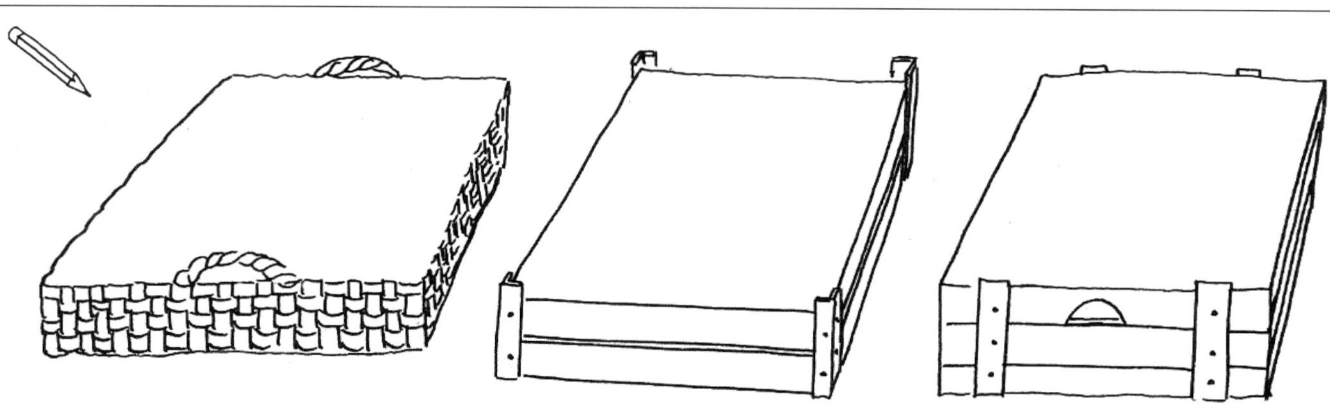

Kistler/Schneider: Rechnen ohne Stolperstein, Band 2A. Illustrationen: Kristina Klotz

Male alle 9er-Plättchen an!

Male ein Muster: Jedes 9er-Plättchen in einer anderen Farbe!

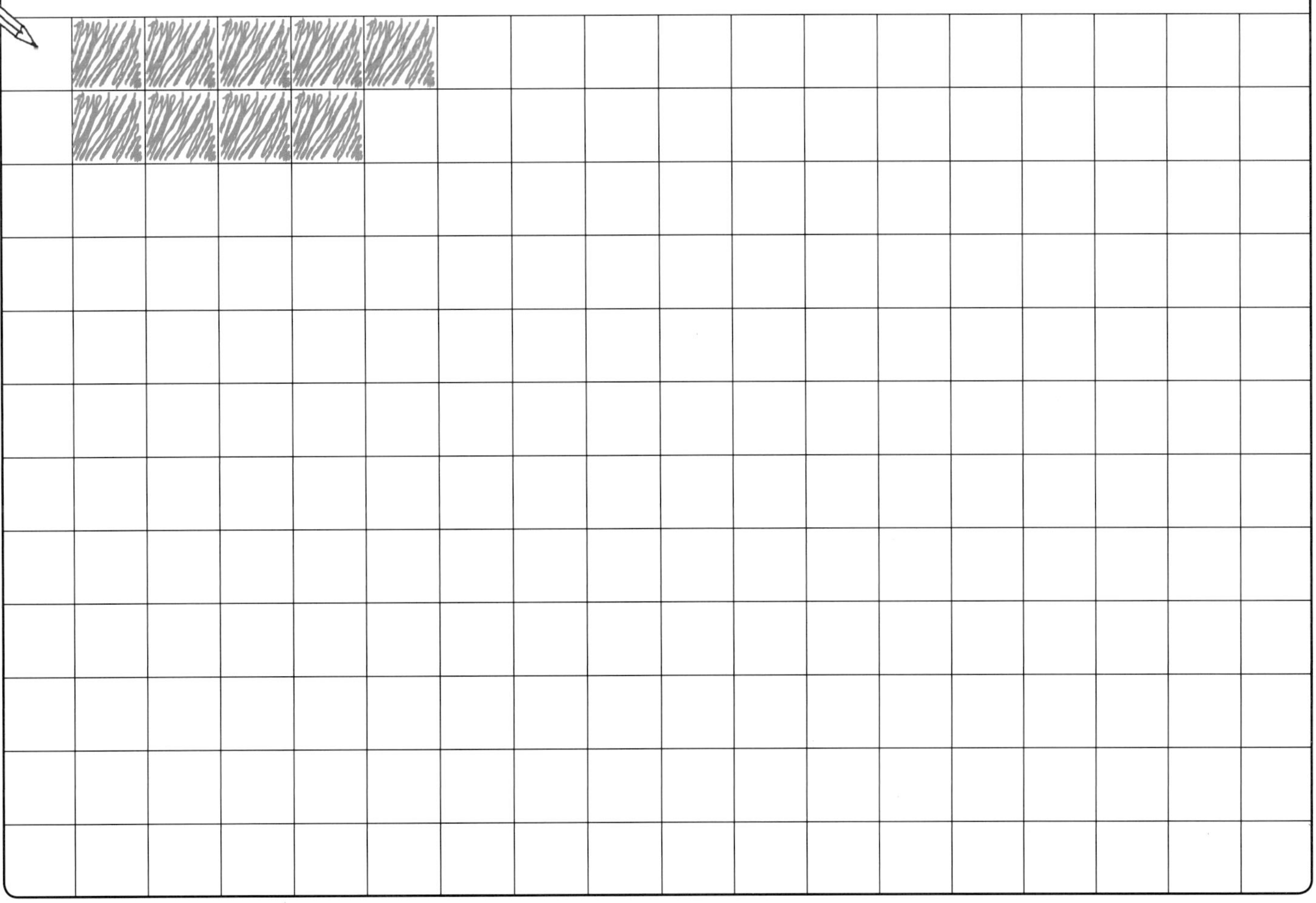

Spure nach und schreibe!

Ziffer schreiben

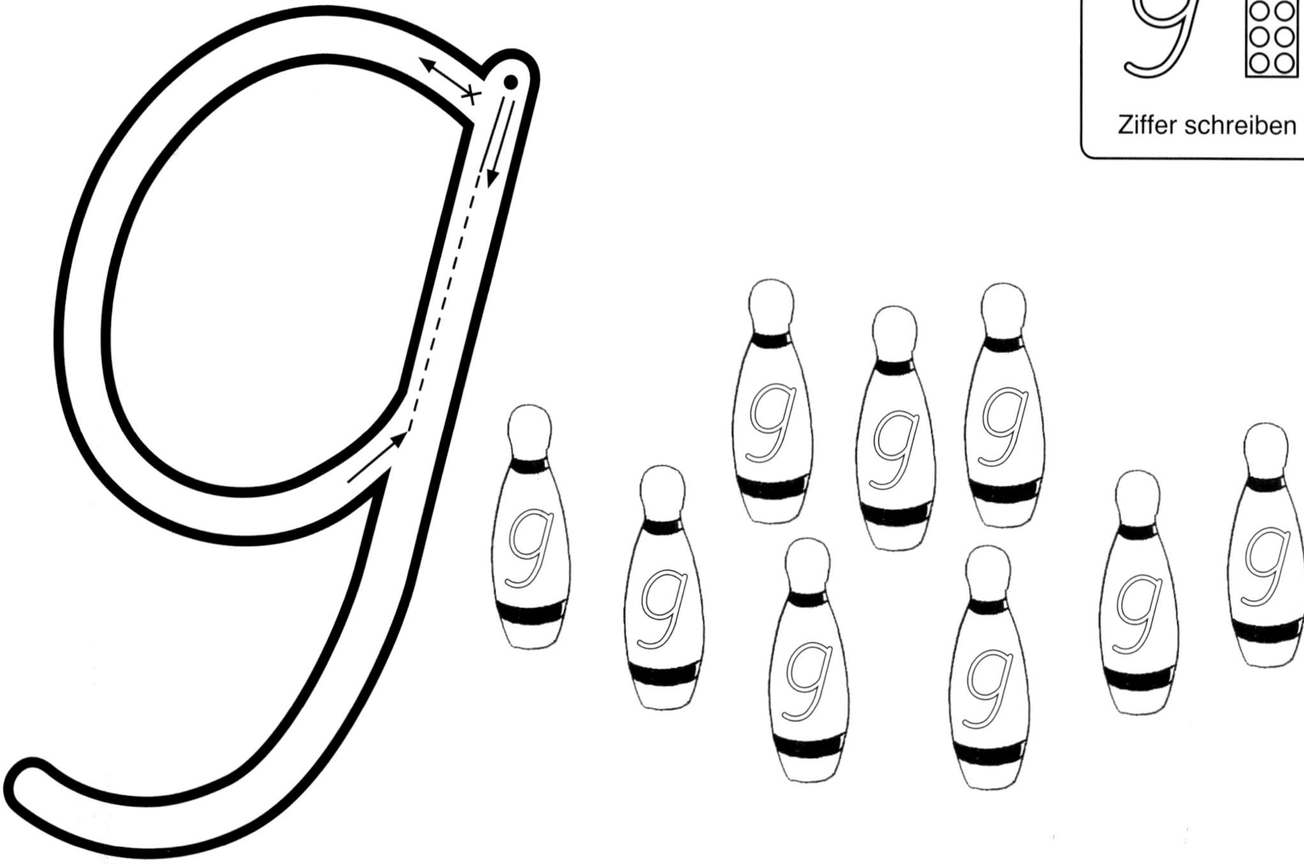

Male die Punkte und schreibe die richtige Zahl dazu!

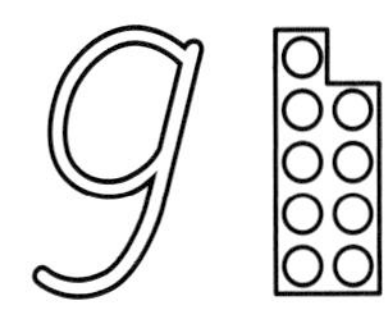

Orientierung

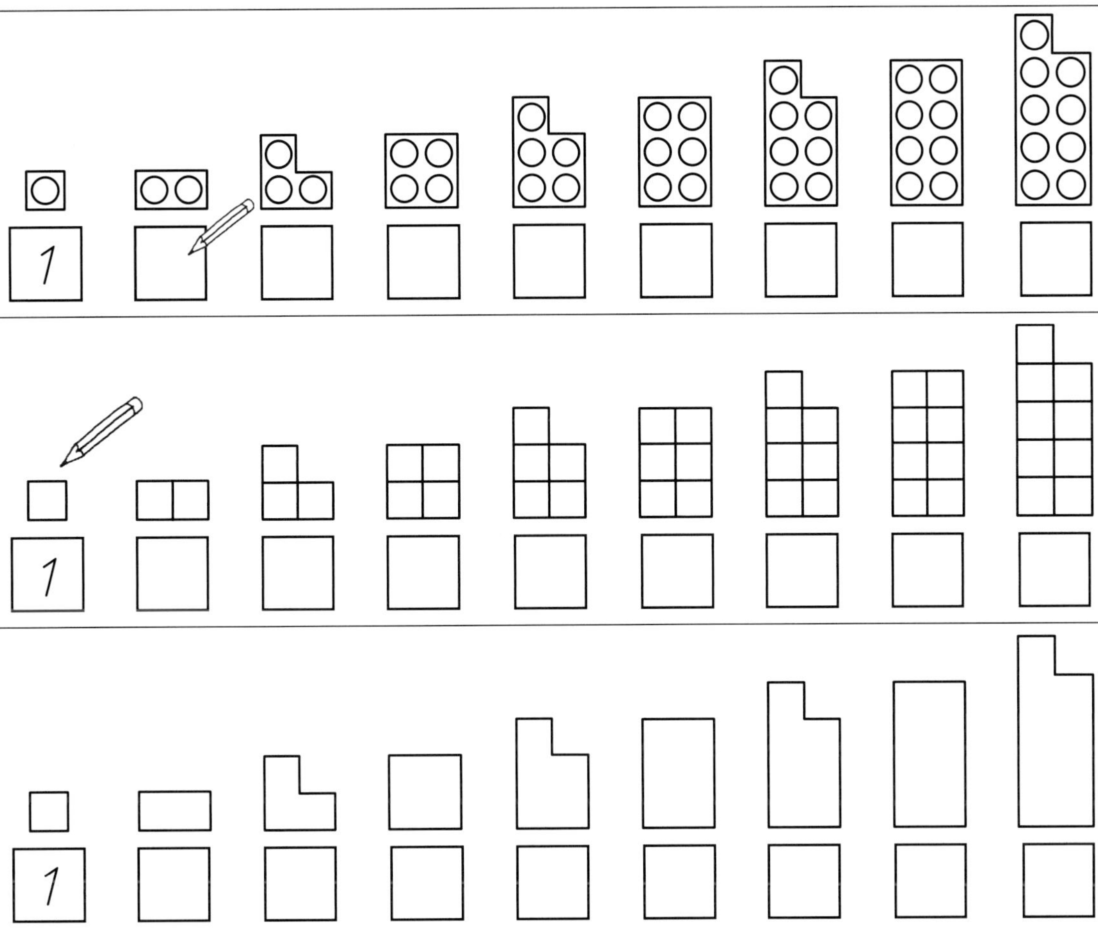

Verbinde in der richtigen Reihenfolge!

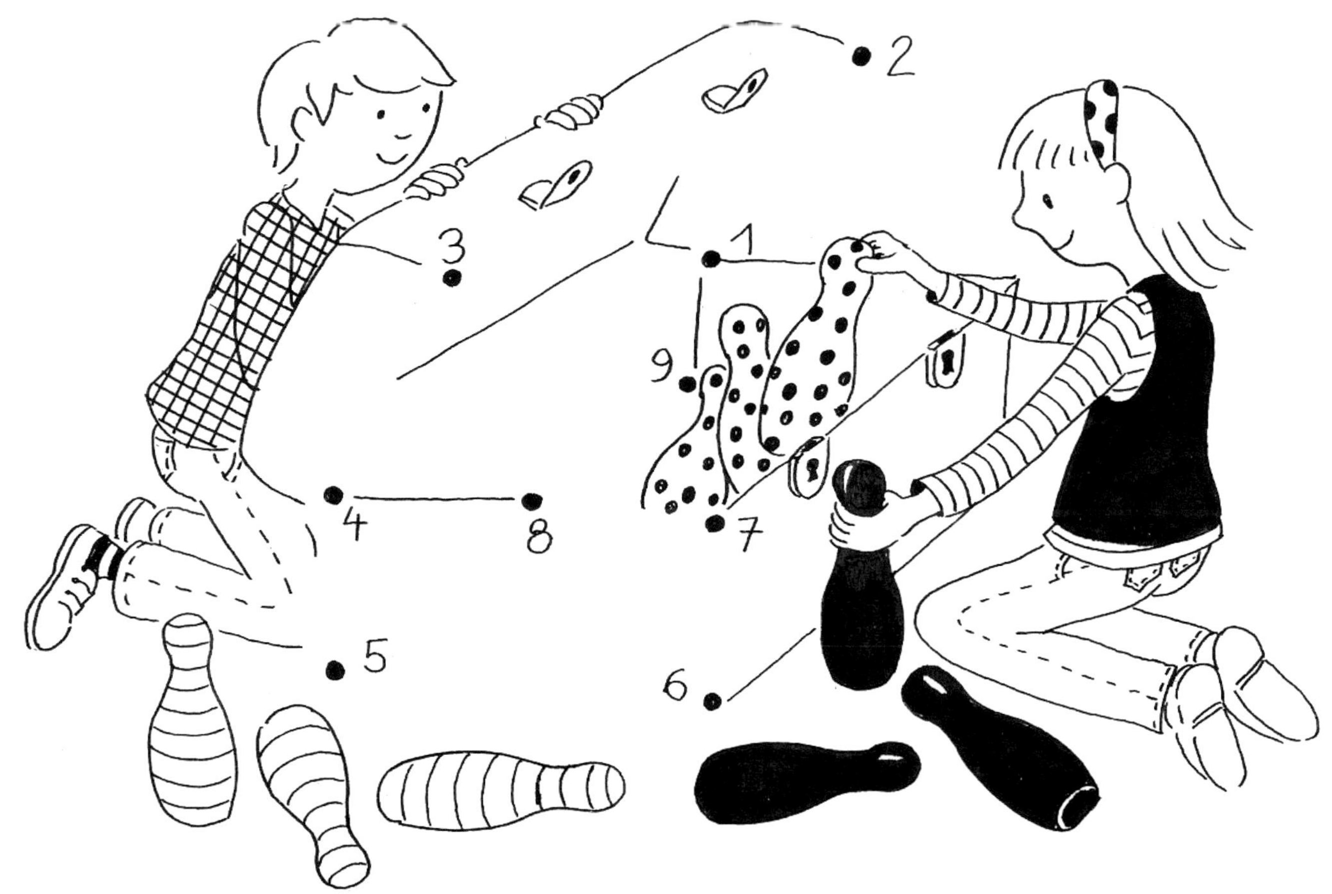

Du kennst dich bis 9 gut aus!

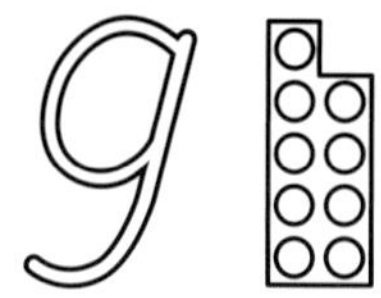

Orientierung

Welche Zahlen fehlen?

Nachbar-Kegel

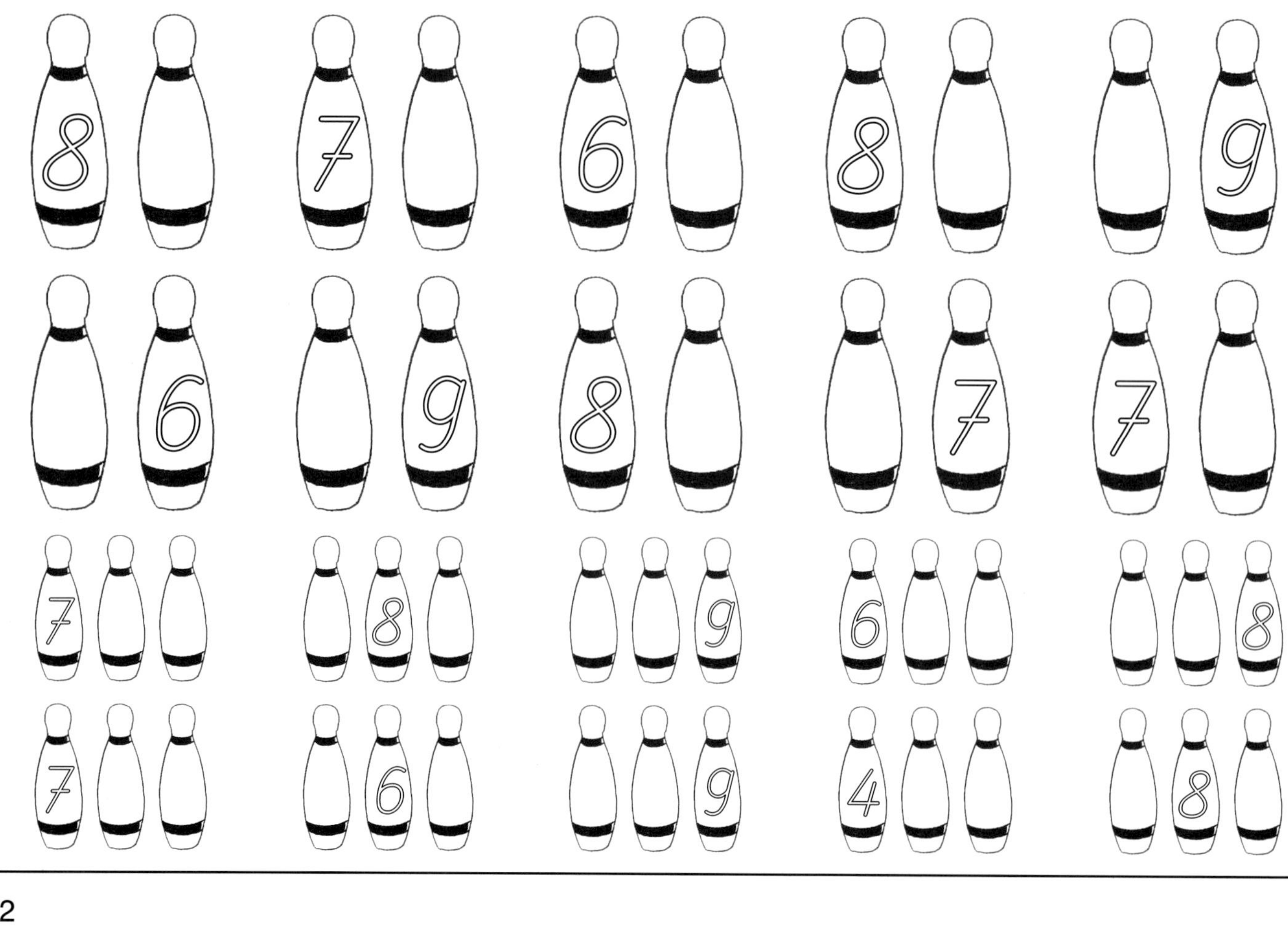

Kistler/Schneider: Rechnen ohne Stolperstein, Band 2A. Illustrationen: Kristina Klotz

Wir vergleichen:

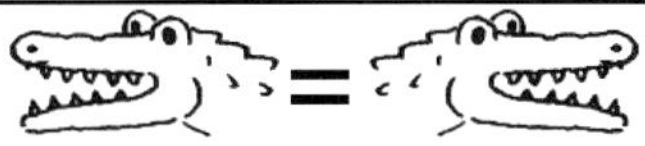

9

Orientierung > = <

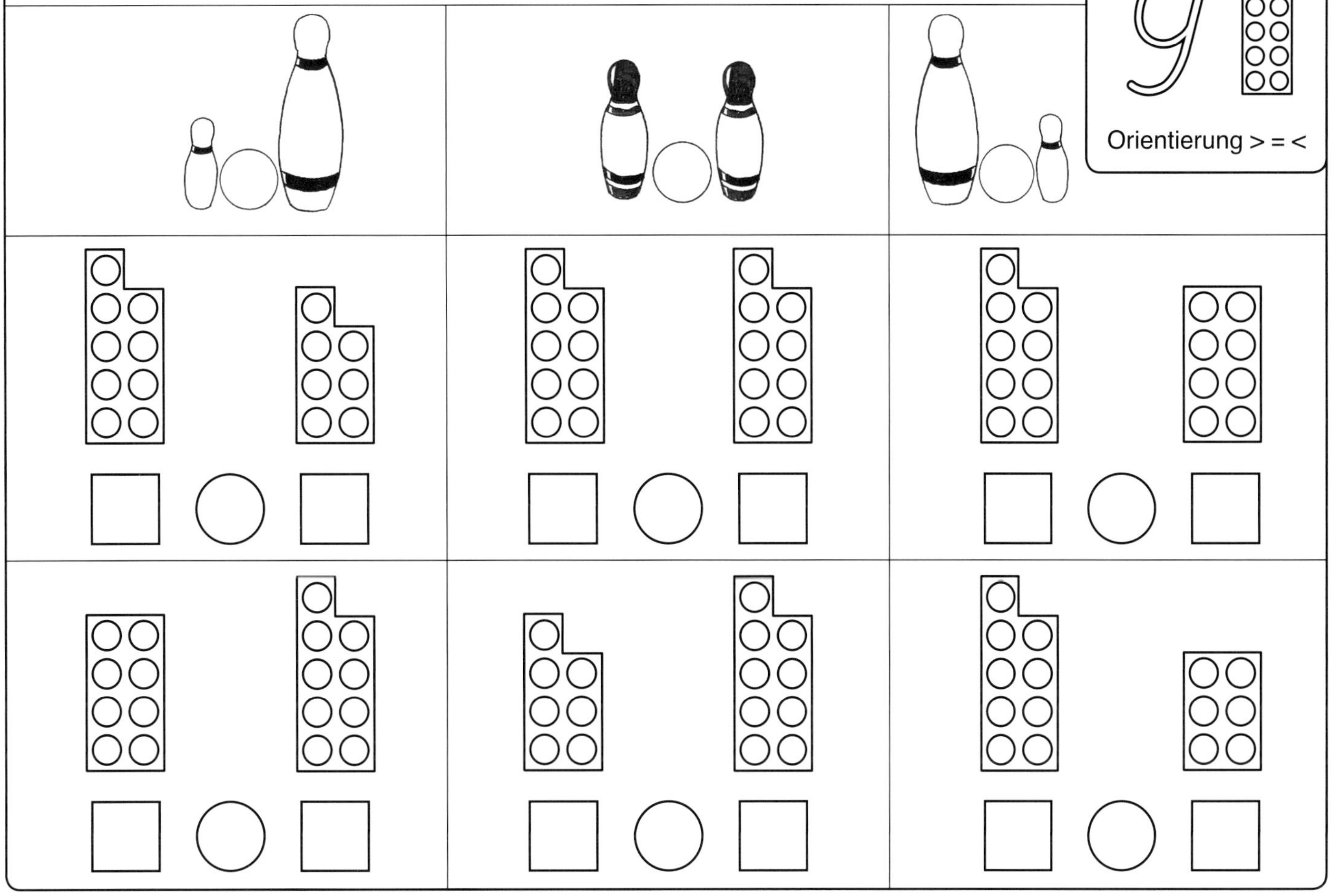

Kleiner, größer oder gleich?

9 ○ 0			3 ○ 9			9 ○ 6			9 ○ 8	
2 ○ 9			9 ○ 4			5 ○ 9			7 ○ 9	
8 ○ 9			9 ○ 5			9 ○ 7			4 ○ 9	
9 ○ 4			8 ○ 8			6 ○ 9			9 ○ 9	

Finde eine passende Lösung!

8 (>) □	7 (<) □	9 (>) □	8 (<) □
9 (>) □	6 (>) □	3 (<) □	9 (>) □
5 (<) □	9 (>) □	3 (=) □	0 (<) □

Wir zerlegen:

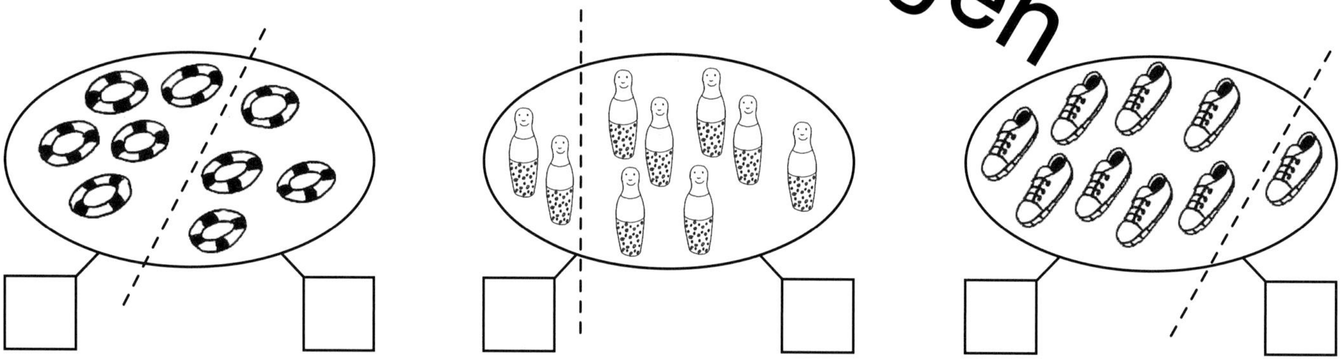

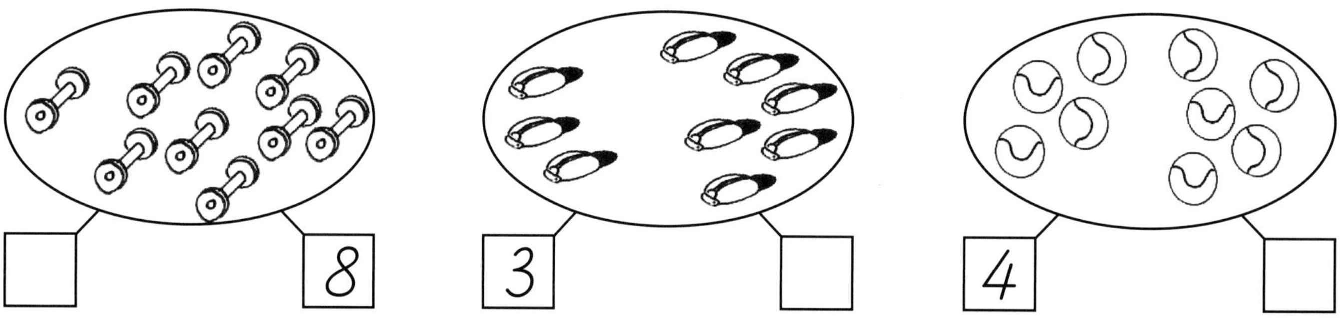

Wie ist die 9 zerlegt?

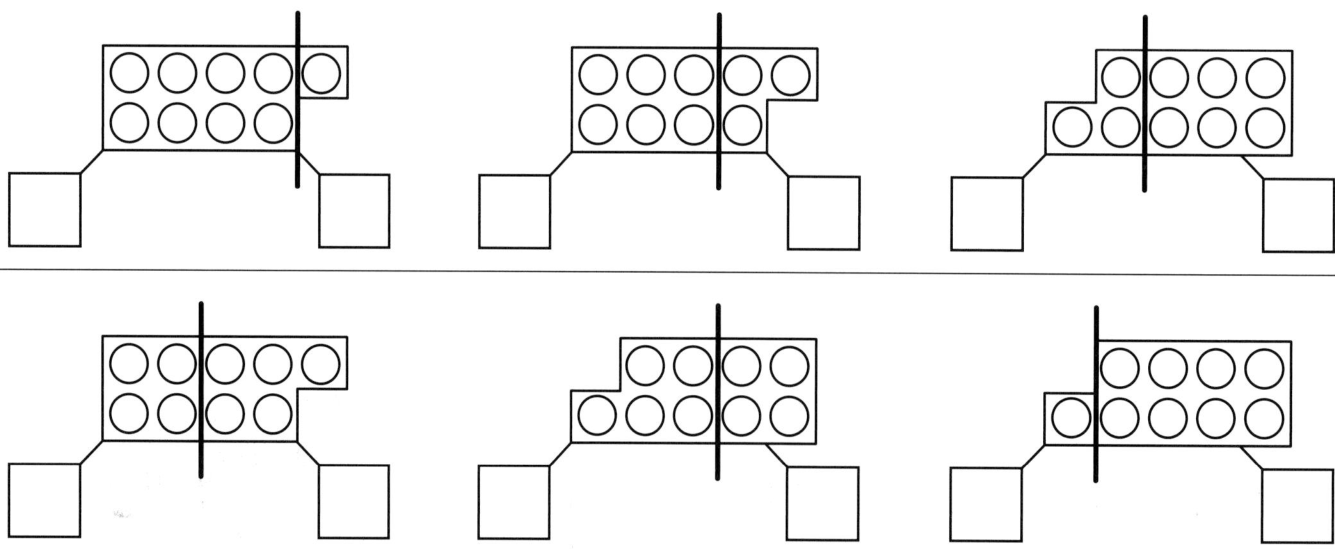

Zerlege selbst!

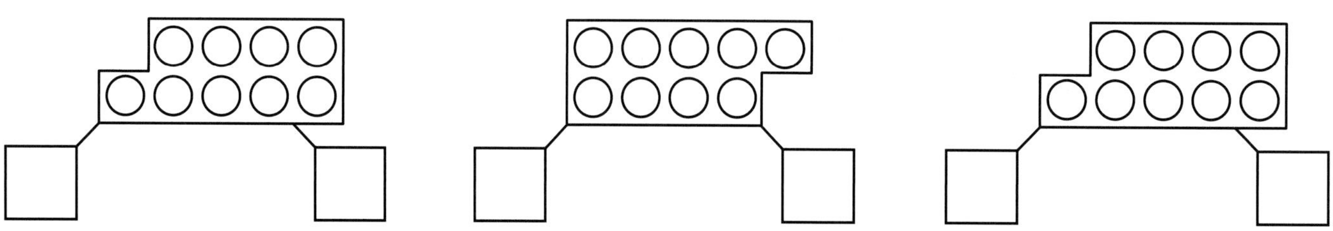

Kistler/Schneider: Rechnen ohne Stolperstein, Band 2A. Illustrationen: Kristina Klotz

⊕ Plus: Es werden mehr!

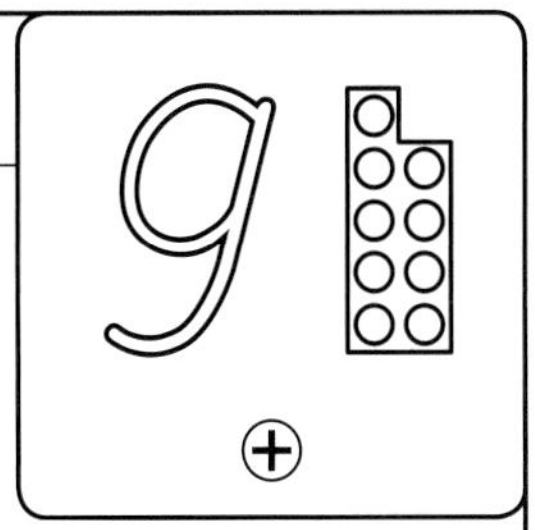

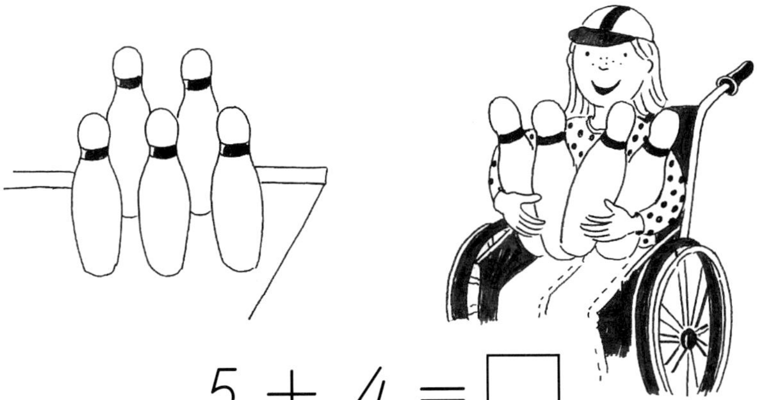

$5 + 4 = \square$

$\square \; \bigcirc \; \square \; \bigcirc \; \square$

$\square \; \bigcirc \; \square \; \bigcirc \; \square$

Rechnen mit Plättchen!

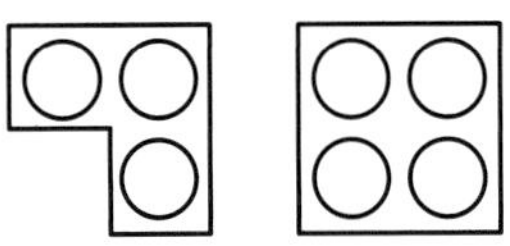

$3 + 4 = \square$

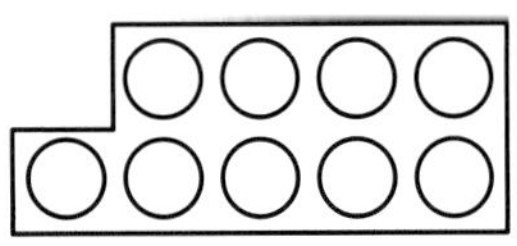

$9 + 0 = \square$

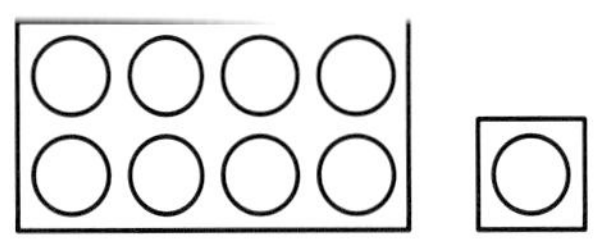

$8 + 1 = \square$

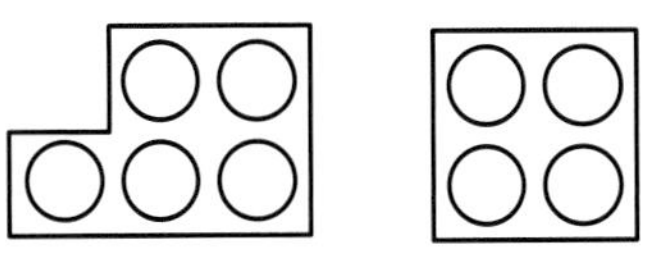

$5 + 4 = \square$

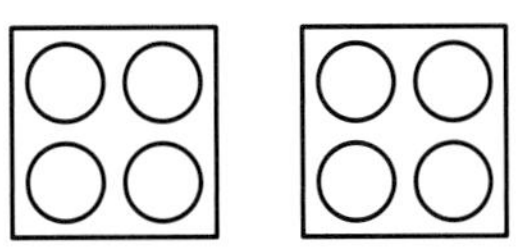

$4 + 4 = \square$

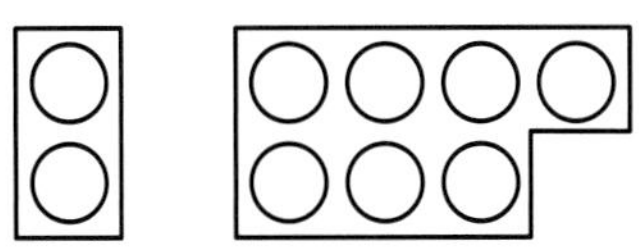

$2 + 7 = \square$

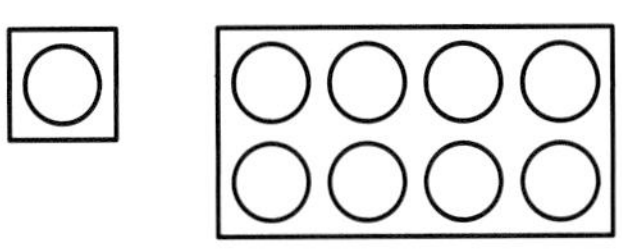

$1 + 8 = \square$

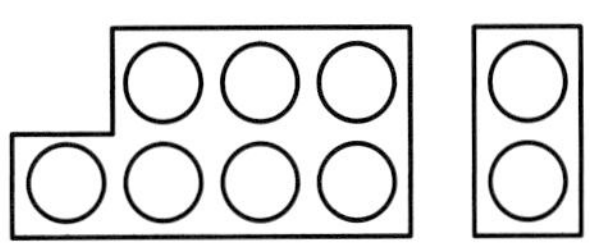

$7 + 2 = \square$

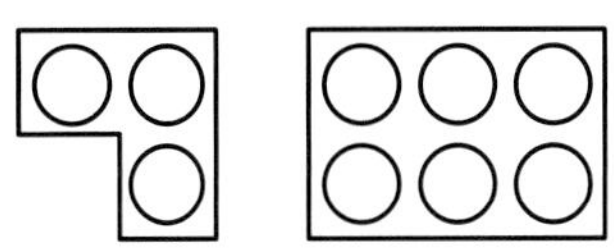

$3 + 6 = \square$

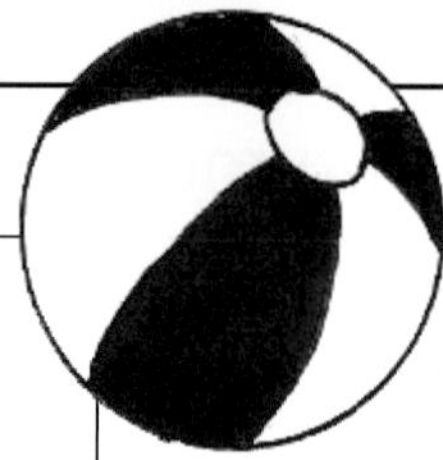

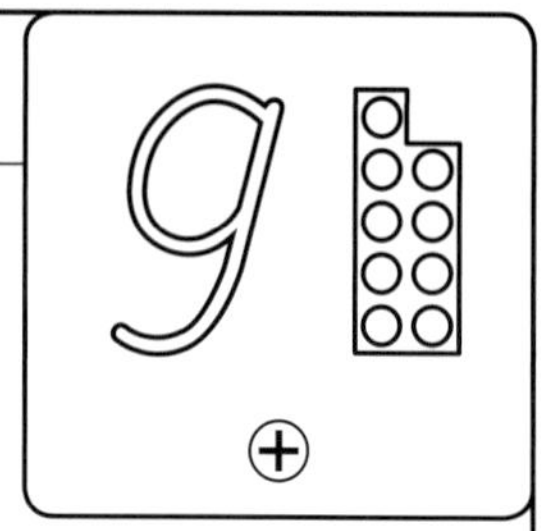

Male die Plättchen und rechne!

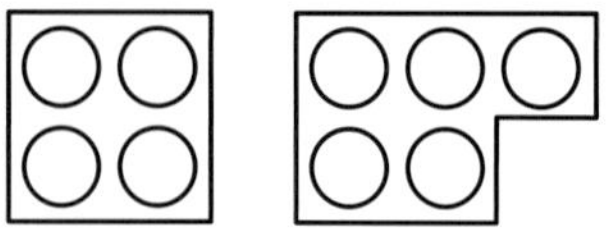

$4 + 5 = \square$

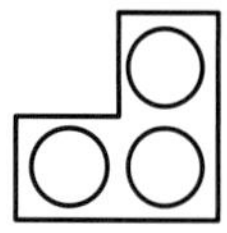

$3 + 6 = \square$

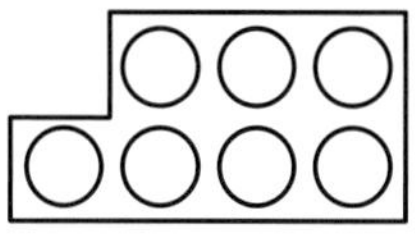

$7 + 2 = \square$

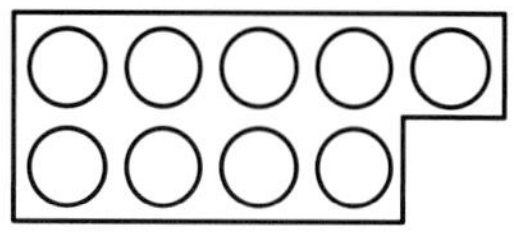

$9 + 0 = \square$

$1 + 7 = \square$

$0 + 9 = \square$

$1 + 6 = \square$

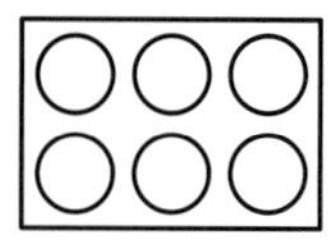

$6 + 3 = \square$

Male die Rechnung!

$3 + 6 = \square$

$7 + 2 = \square$

$4 + 3 = \square$

$1 + 8 = \square$

$5 + 4 = \square$

$6 + 3 = \square$

$7 + 1 = \square$

$9 + 0 = \square$

$2 + 7 = \square$

Kistler/Schneider: Rechnen ohne Stolperstein, Band 2A. Illustrationen: Kristina Klotz

Wie heißt die Rechnung?

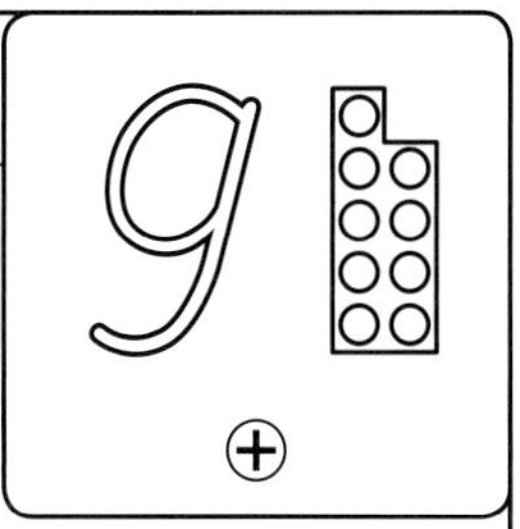

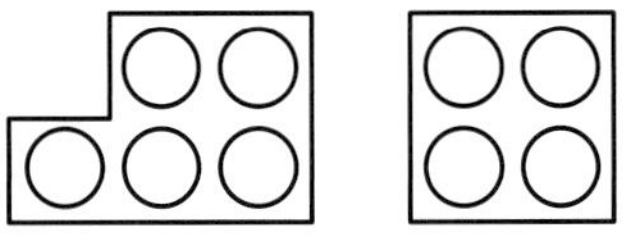

□ ○ □ ○ □

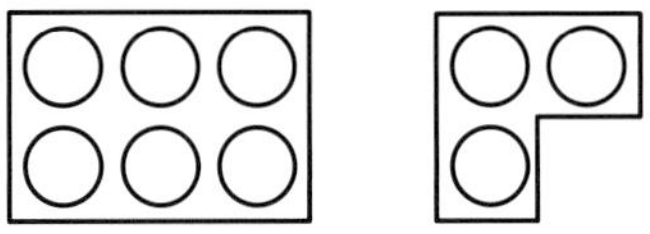

□ ○ □ ○ □

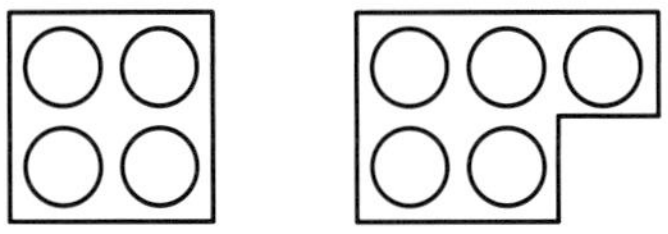

□ ○ □ ○ □

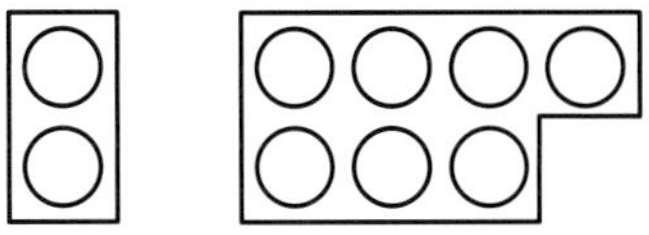

□ ○ □ ○ □

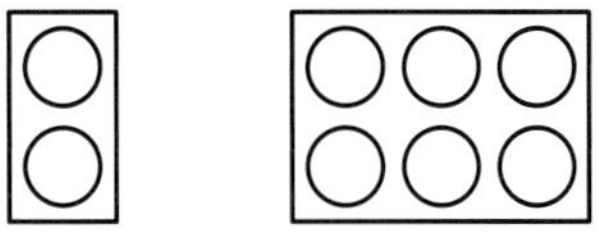

□ ○ □ ○ □

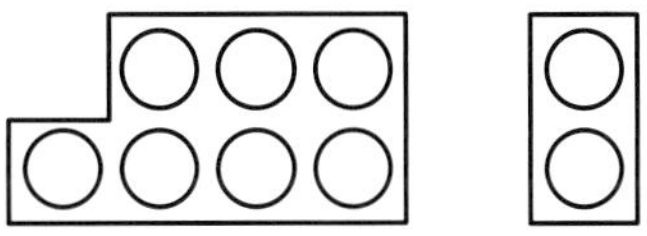

□ ○ □ ○ □

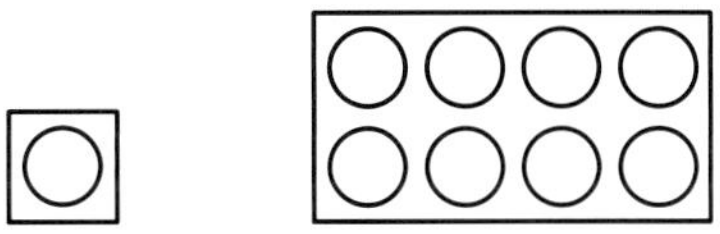

□ ○ □ ○ □

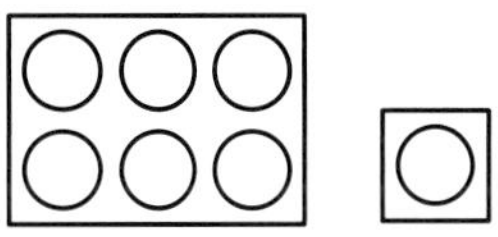

□ ○ □ ○ □

Denke an die Plättchen und rechne!

$5 + 4 = \square$	$4 + 3 = \square$	$6 + 3 = \square$
$3 + 4 = \square$	$4 + 5 = \square$	$1 + 8 = \square$
$9 + 0 = \square$	$2 + 7 = \square$	$1 + 7 = \square$

Finde selbst Aufgaben!

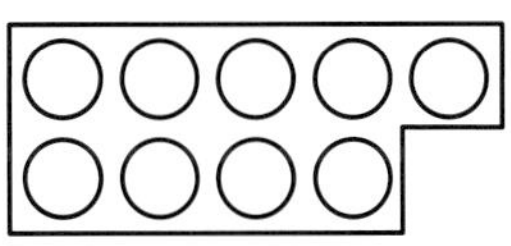

$\square + \square = 9$

$\square + \square = 9$

$\square + \square = 9$

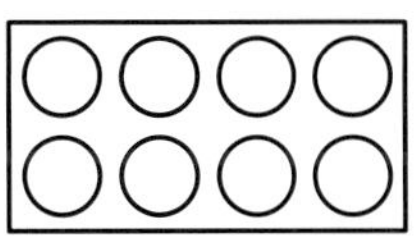

$\square + \square = 8$

$\square + \square = 8$

$\square + \square = 8$

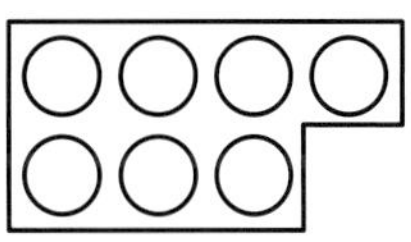

$\square + \square = 7$

$\square + \square = 7$

$\square + \square = 7$

Für Spürnasen: Rechne zuerst, finde dann eine passende Aufgabe!

9 ⊕

3 + 6 = ☐	6 + 2 = ☐
3 + 4 = ☐	5 + 1 = ☐
2 + 3 = ☐	2 + 2 = ☐
☐ + ☐ = ☐	☐ + ☐ = ☐

Kettenaufgaben

[5] 3 + 2 + 4 = ☐	☐ 4 + 1 + 3 = ☐
☐ 1 + 6 + 1 = ☐	☐ 5 + 3 + 1 = ☐
☐ 2 + 5 + 2 = ☐	☐ 2 + 4 + 3 = ☐

Rechen-Band

4 + 5 = ☐ 0 + 9 = ☐

2 + 6 = ☐ 2 + 5 = ☐ 4 + 4 = ☐

2 + 4 = ☐ 9 + 0 = ☐ 3 + 3 = ☐

2 + 7 = ☐

3 + 4 = ☐ 1 + 7 = ☐ 5 + 4 = ☐ 1 + 6 = ☐ 5 + 3 = ☐

4 + 3 = ☐ 6 + 3 = ☐ 7 + 2 = ☐ 5 + 2 = ☐

3 + 5 = ☐ 6 + 2 = ☐ 3 + 6 = ☐

Kistler / Schneider: Rechnen ohne Stolperstein, Band 2A. Illustrationen: Kristina Klotz

⊖ Minus: Es werden weniger!

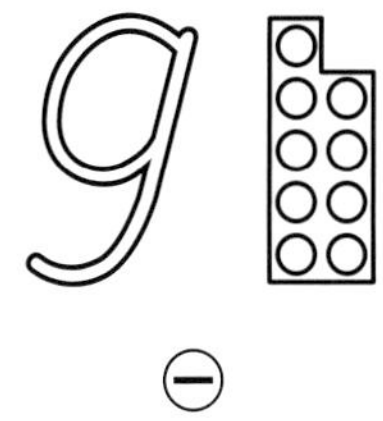

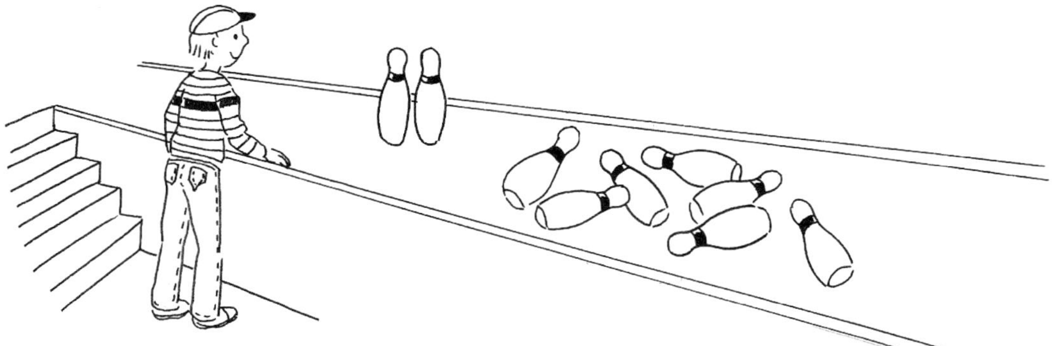

$9 - 7 = \square$

□ ○ □ ○ □

□ ○ □ ○ □

Rechnen mit Plättchen!

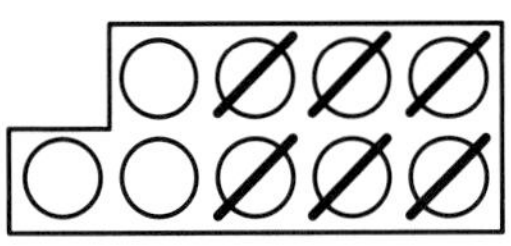

$9 - 6 = \square$

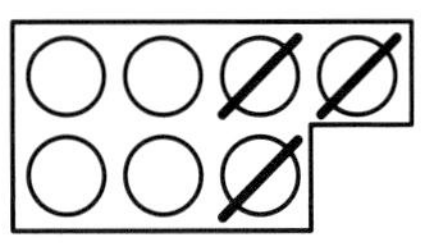

$7 - 3 = \square$

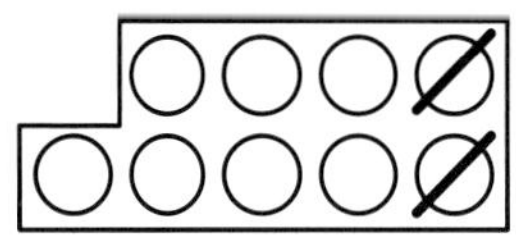

$9 - 2 = \square$

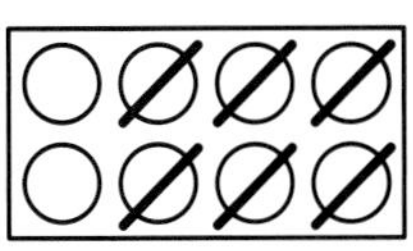

$8 - 6 = \square$

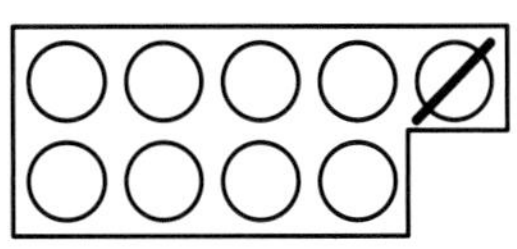

$9 - 1 = \square$

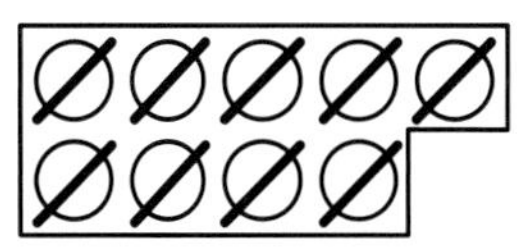

$9 - 9 = \square$

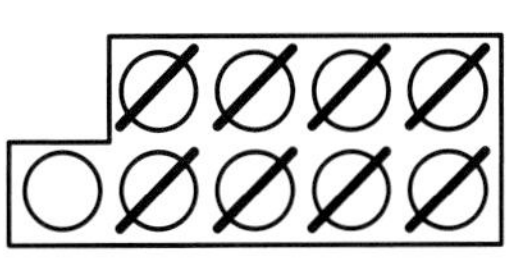

$9 - 8 = \square$

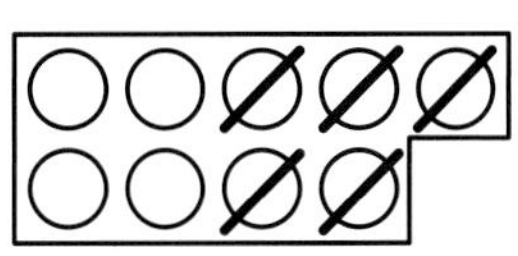

$9 - 5 = \square$

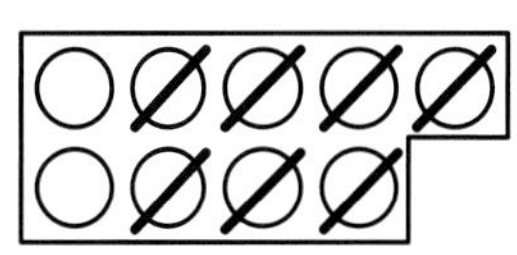

$9 - 7 = \square$

Streiche weg und rechne!

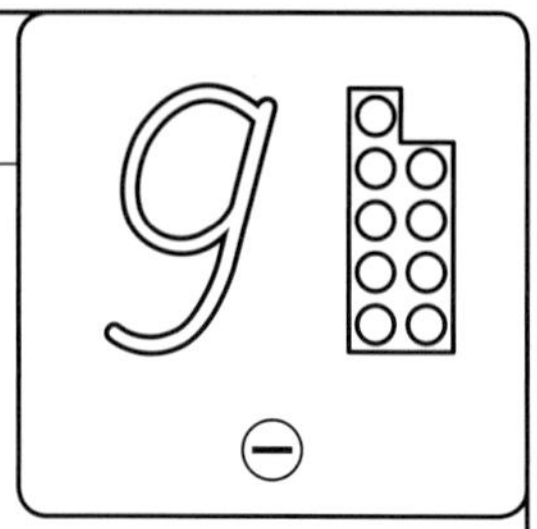

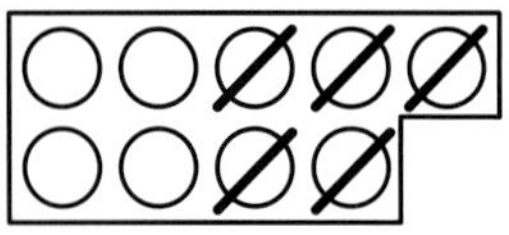

9 – 5 = □

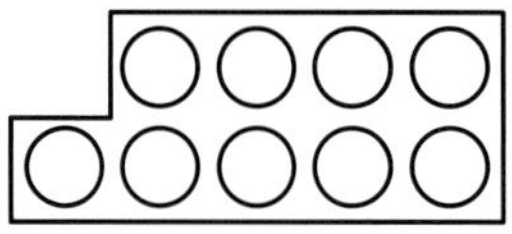

9 – 4 = □

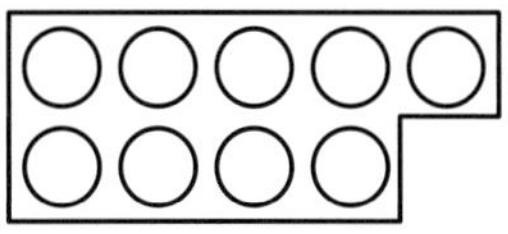

9 – 3 = □

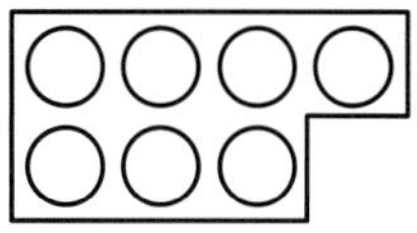

7 – 5 = □

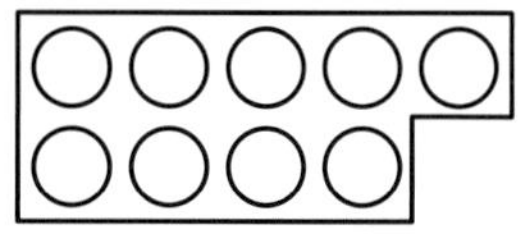

9 – 7 = □

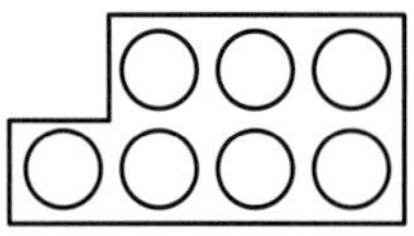

7 – 6 = □

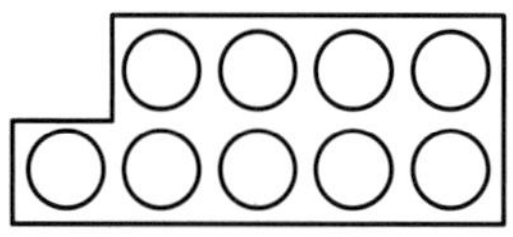

9 – 8 = □

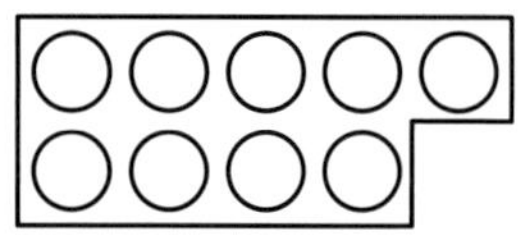

9 – 1 = □

Male die Rechnung!

9 – 7 = □

9 – 5 = □

9 – 9 = □

9 – 3 = □

8 – 7 = □

9 – 0 = □

8 – 6 = □

9 – 2 = □

9 – 1 = □

Kistler/Schneider: Rechnen ohne Stolperstein, Band 2A. Illustrationen: Kristina Klotz

Wie heißt die Rechnung?

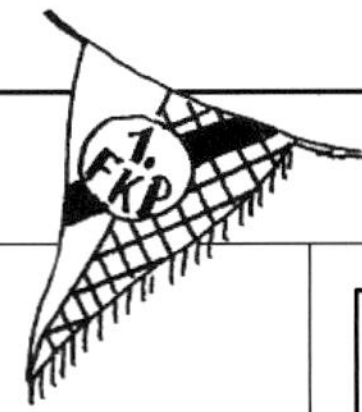

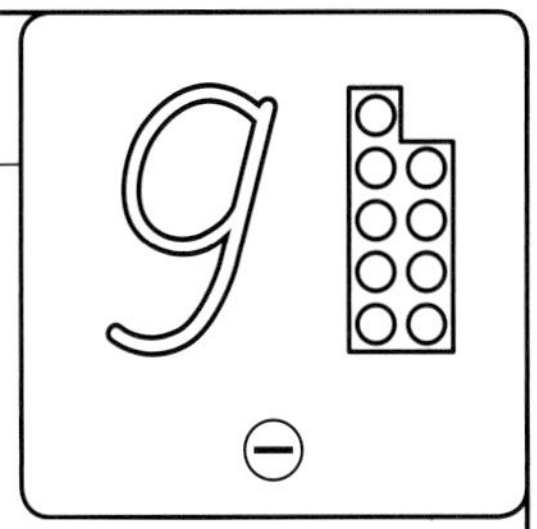

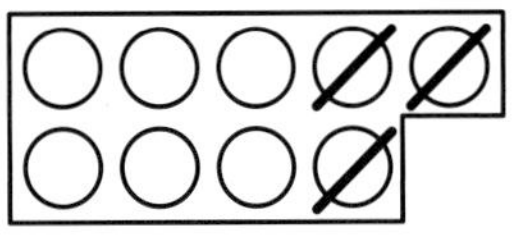 □ ○ □ ○ □	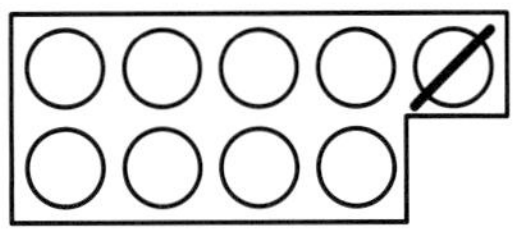 □ ○ □ ○ □	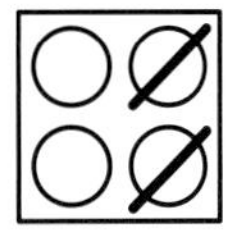 □ ○ □ ○ □
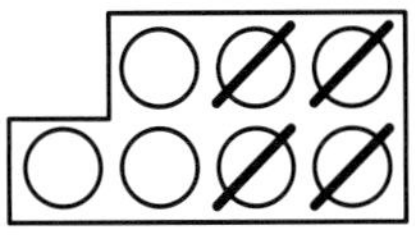 □ ○ □ ○ □	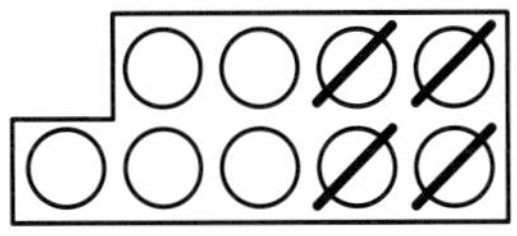 □ ○ □ ○ □	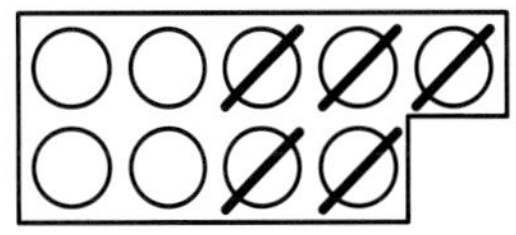 □ ○ □ ○ □
 □ ○ □ ○ □	 □ ○ □ ○ □	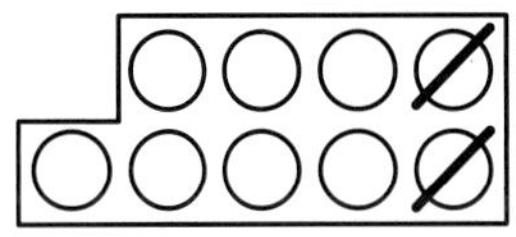 □ ○ □ ○ □

Denke an die Plättchen und rechne!

9 − 5 = □	9 − 2 = □	8 − 6 = □
7 − 6 = □	9 − 6 = □	9 − 7 = □
9 − 4 = □	7 − 4 = □	9 − 3 = □

Finde selbst Aufgaben!

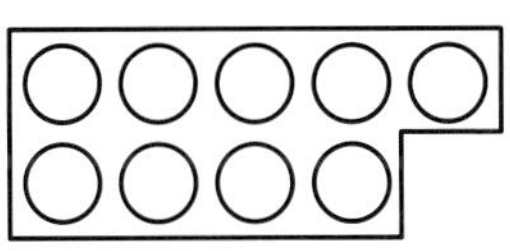	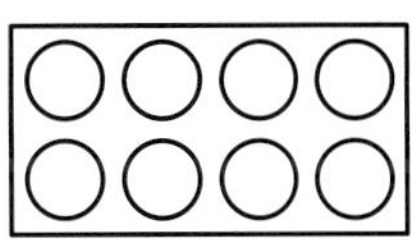	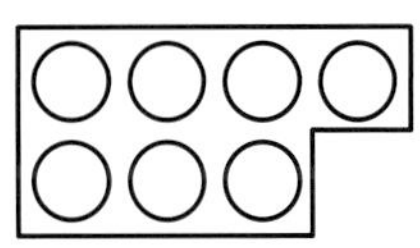
9 − □ = □	8 − □ = □	7 − □ = □
9 − □ = □	8 − □ = □	7 − □ = □
9 − □ = □	8 − □ = □	7 − □ = □

Für Spürnasen: Rechne zuerst, finde dann eine passende Aufgabe!

9 ⊖

7 − 4 = ☐	9 − 5 = ☐	
6 − 5 = ☐	7 − 3 = ☐	
8 − 6 = ☐	5 − 1 = ☐	
☐ − ☐ = ☐	☐ − ☐ = ☐	

Kettenaufgaben

[4] 9 − 5 − 4 = ☐	☐ 8 − 4 − 2 = ☐
☐ 9 − 3 − 3 = ☐	☐ 9 − 6 − 1 = ☐
☐ 9 − 4 − 3 = ☐	☐ 9 − 0 − 4 = ☐

Kugel-Aufgaben

9 − 0 = ☐

2 + 6 = ☐

8 − 5 = ☐

3 + 1 = ☐

8 − 5 = ☐

8 + 1 = ☐

9 − 2 = ☐

7 − 0 = ☐

2 + 7 = ☐

3 + 5 = ☐

4 + 4 = ☐

0 + 9 = ☐

Kistler/Schneider: Rechnen ohne Stolperstein, Band 2A. Illustrationen: Kristina Klotz

Was passiert? Achte auf ⊕ und ⊖ !

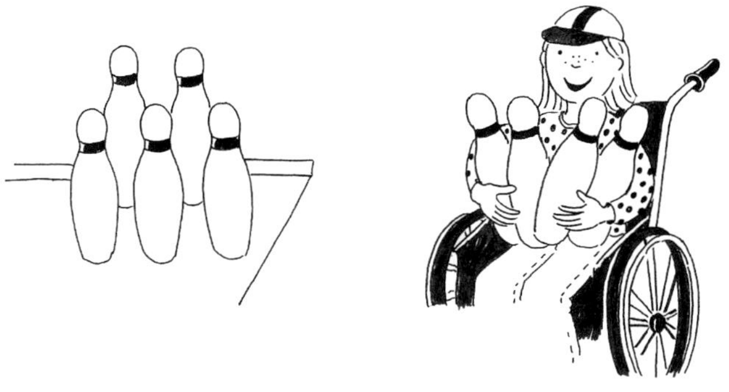

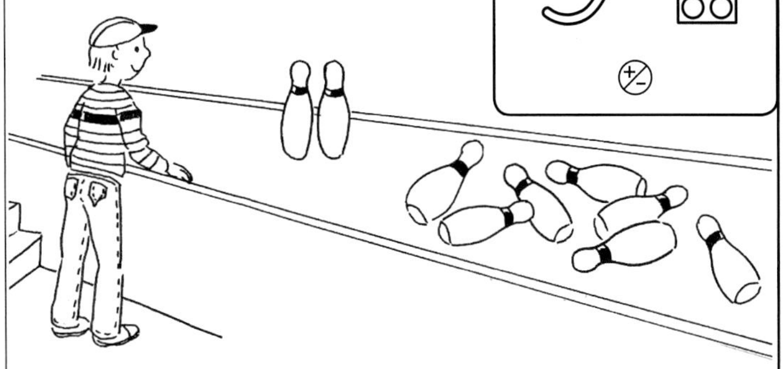

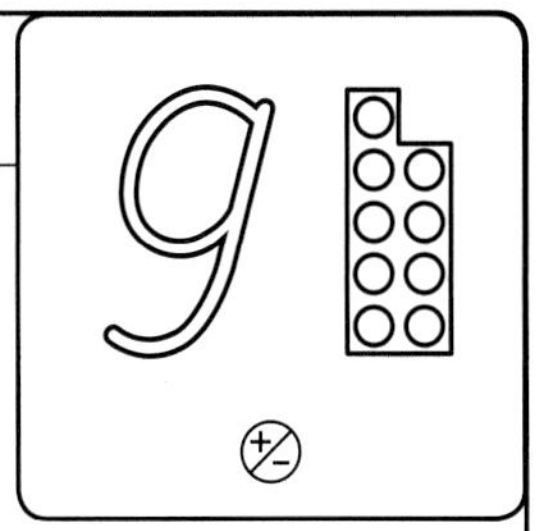

$5 + 4 = \square$

$9 - 7 = \square$

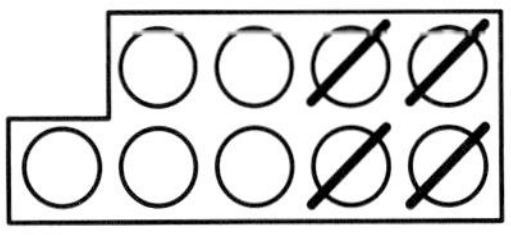

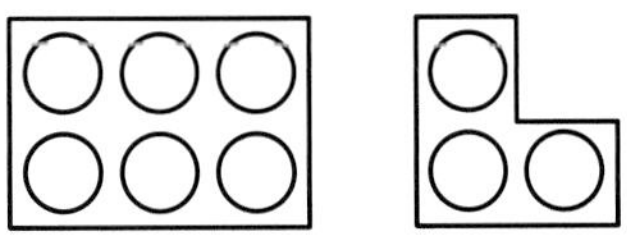

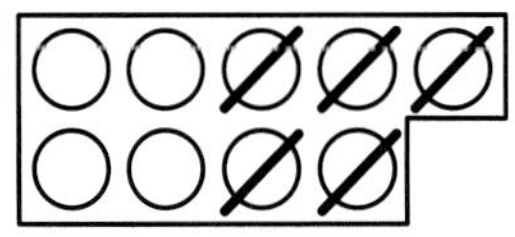

□ ○ □ ○ □

□ ○ □ ○ □

□ ○ □ ○ □

Male die Rechnung!

$9 - 5 = \square$	$7 - 2 = \square$	$2 + 7 = \square$
$3 + 6 = \square$	$4 + 4 = \square$	$9 - 9 = \square$
$0 + 9 = \square$	$4 + 5 = \square$	$6 + 3 = \square$

Dazu oder weg? Rechne!

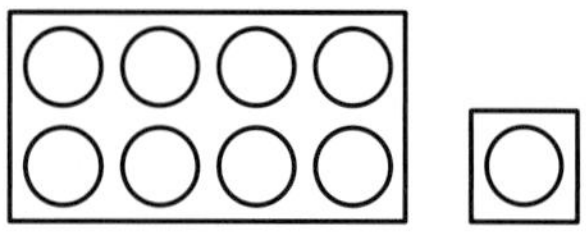

8 + 1 = □

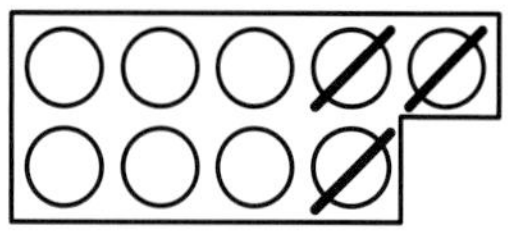

9 − 3 = □

9 − 3 = □

9 − 8 = □

2 + 6 = □

2 + 7 = □

9 − 7 = □

6 + 3 = □

1 + 8 = □

4 + 5 = □

7 − 4 = □

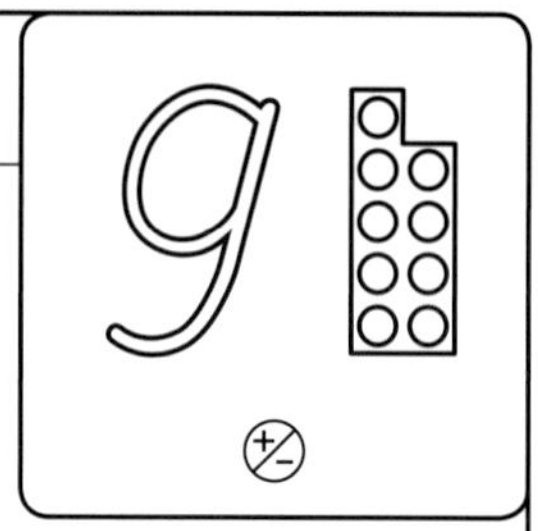

Kettenaufgaben

[3]
9 − 6 + 2 = □

□
5 + 3 − 4 = □

□
8 − 4 − 2 = □

□
3 + 4 + 2 = □

□
7 − 2 − 4 = □

□
5 + 4 − 3 = □

Rechen-Kegel

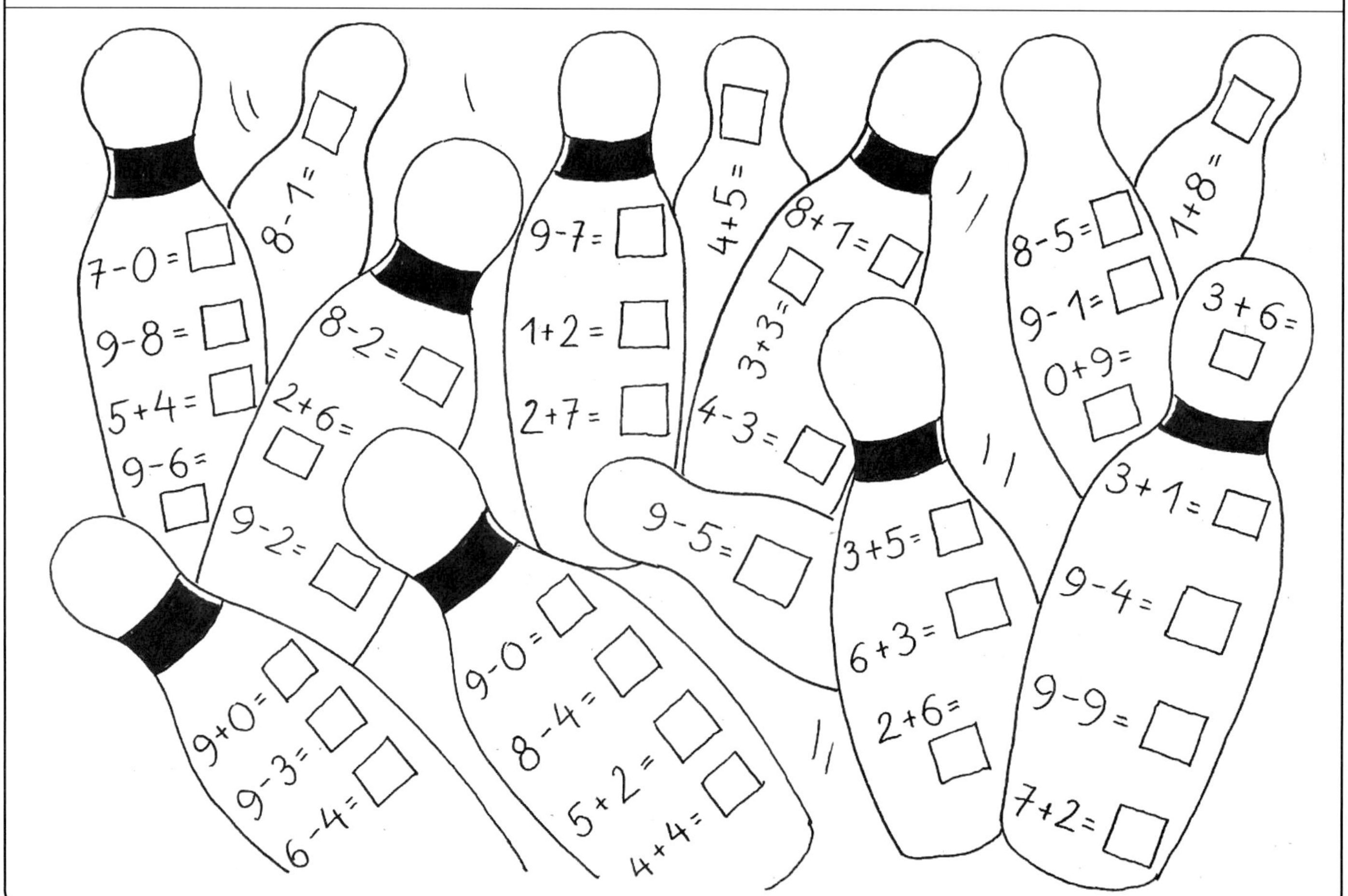

Kistler / Schneider: Rechnen ohne Stolperstein, Band 2A. Illustrationen: Kristina Klotz

Was passiert? ⊕ oder ⊖ ?

9

6 ◯ 3 = 9	3 ◯ 6 = 9	
8 ◯ 3 = 5	2 ◯ 4 = 6	
2 ◯ 6 = 8	4 ◯ 5 = 9	
9 ◯ 3 = 6	8 ◯ 4 = 4	
9 ◯ 6 = 3	9 ◯ 9 = 0	9 ◯ 8 = 1
2 ◯ 6 = 8	0 ◯ 9 = 9	5 ◯ 4 = 9
7 ◯ 4 = 3	8 ◯ 7 = 1	9 ◯ 4 = 5
3 ◯ 4 = 7	7 ◯ 5 = 2	7 ◯ 2 = 9

Fehlersuche: Streiche falsche Aufgaben aus! Trage die Buchstaben der richtigen Aufgaben unten ein!

U: 4 + 3 = 9

S: 7 – 4 = 3

P: 5 + 4 = 9

E: 9 – 3 = 4

O: 4 + 4 = 8

R: 9 – 2 = 7

T: 1 + 7 = 8

E: 8 – 6 = 3

I: 8 – 2 = 6

S: 3 + 6 = 9

O: 9 – 3 = 5

T: 8 – 5 = 3

S: 5 + 2 = 7

U: 9 – 6 = 3

P: 1 + 8 = 9

E: 7 – 6 = 1

R: 2 + 7 = 9

Lösungssatz:

☐☐☐☐☐ ☐☐☐ ☐☐☐☐☐ !

Zerlege und rechne!

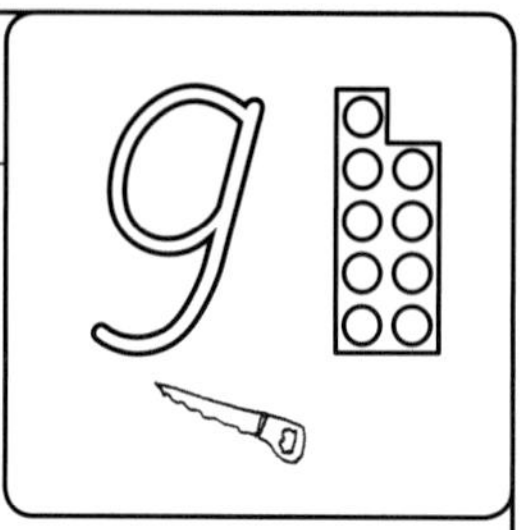

9 = 5 + □

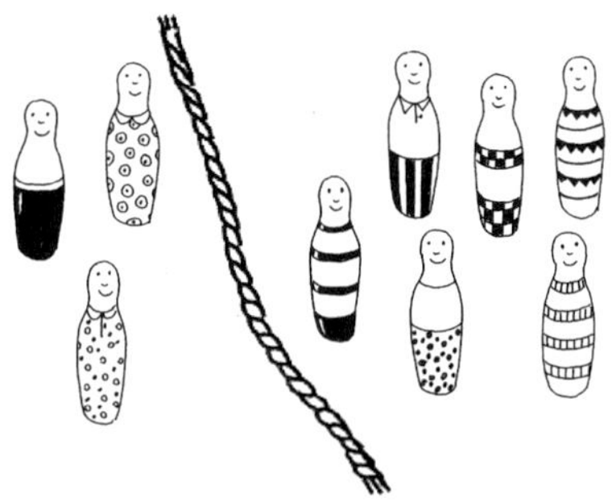

9 = □ + 6

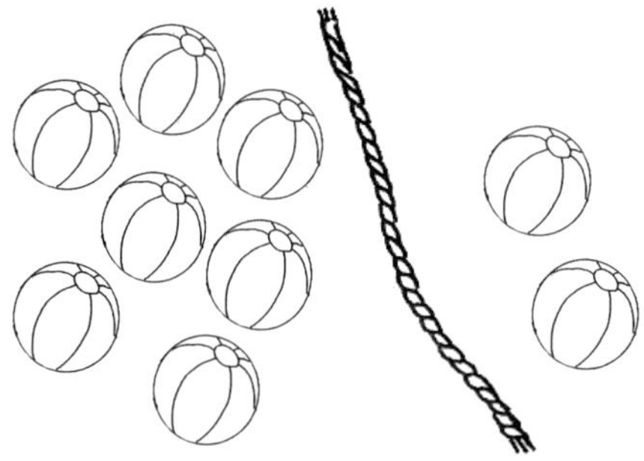

9 = □ + 2

9 = 4 + □

Zerlege und rechne!

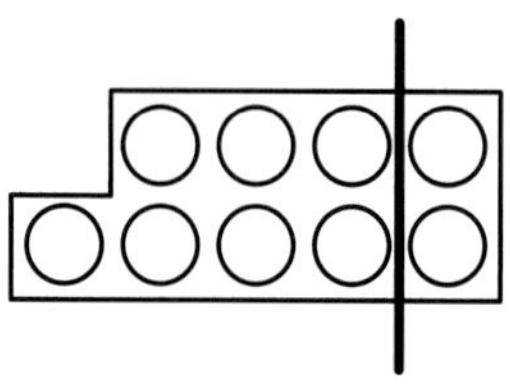

9 = 7 + □

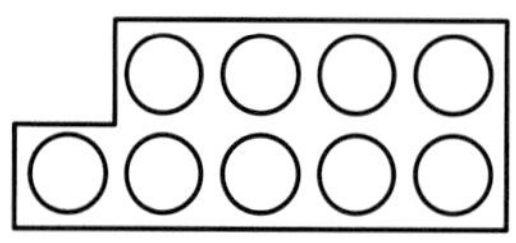

9 = □ + 2

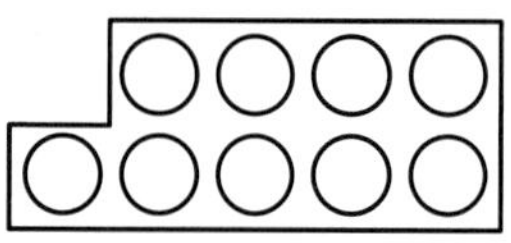

9 = □ + 4

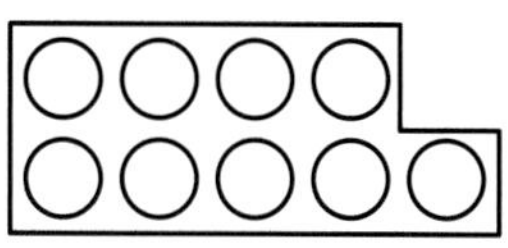

9 = 2 + □

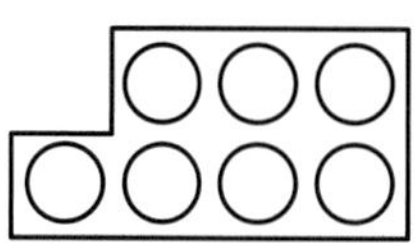

7 = 5 + □

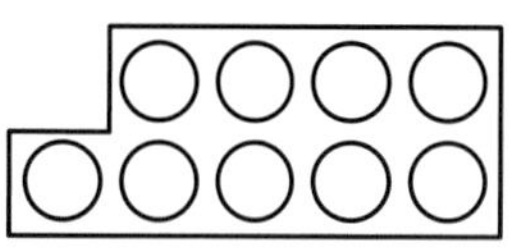

9 = 9 + □

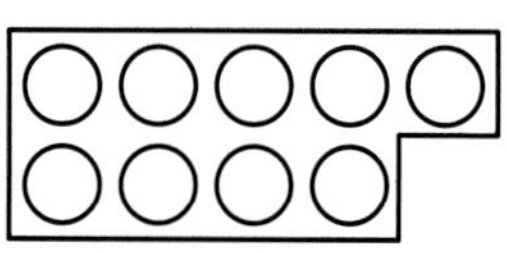

9 = 8 + □

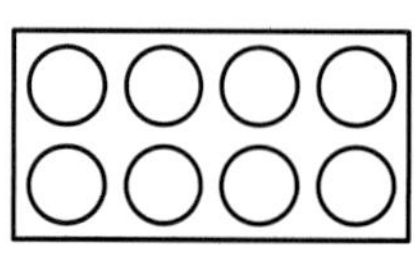

8 = □ + 2

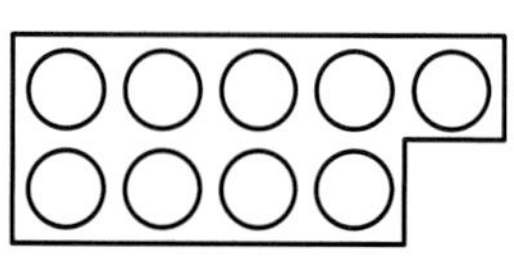

9 = 6 + □

Kistler/Schneider: Rechnen ohne Stolperstein, Band 2A. Illustrationen: Kristina Klotz

Male die Rechnung!

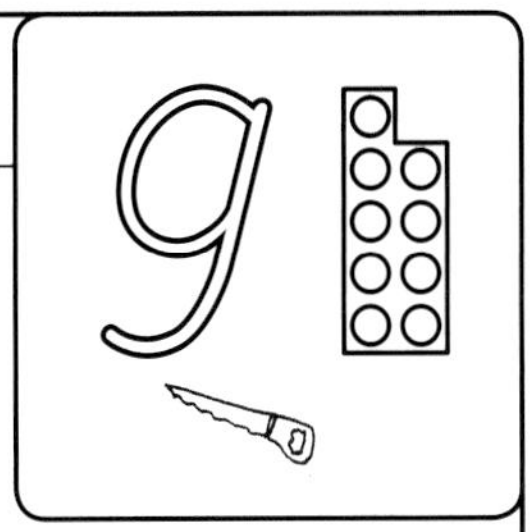

$9 = \square + 1$

$9 = 5 + \square$

$7 = 2 + \square$

$9 = \square + 7$

$9 = 0 + \square$

$8 = \square + 4$

$9 = 7 + \square$

$9 = 1 + \square$

Wie heißt die Rechnung?

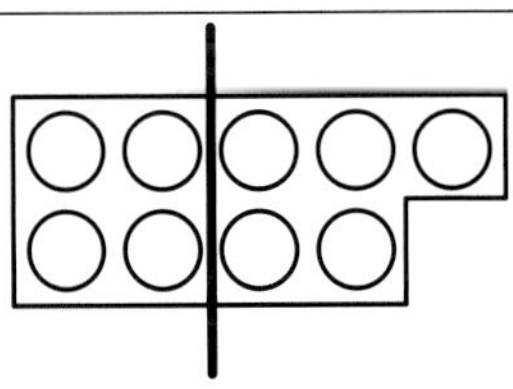

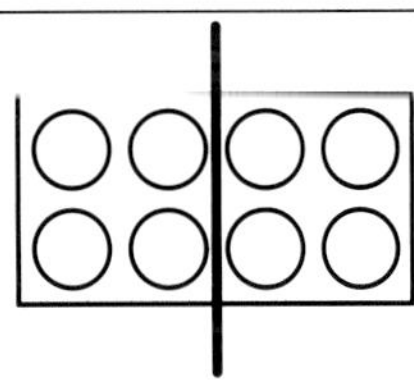

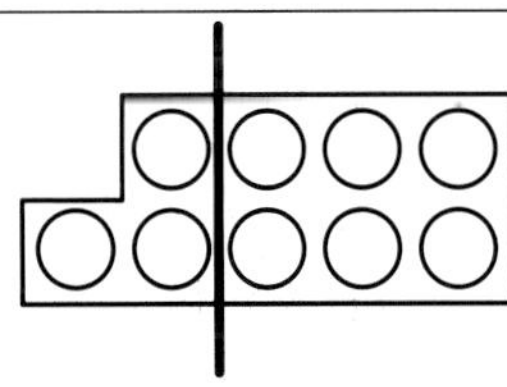

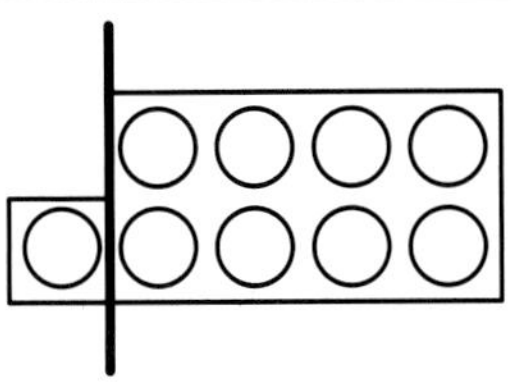

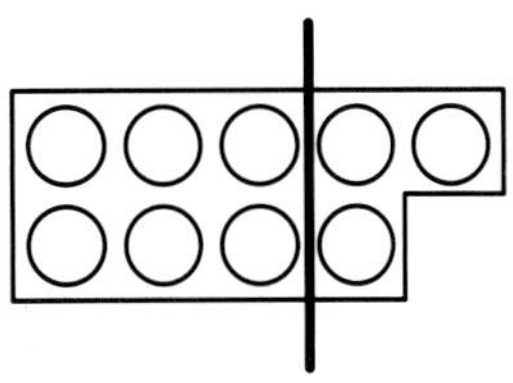

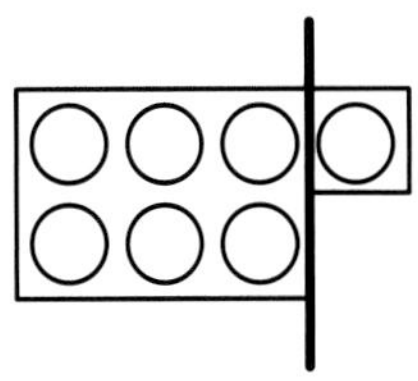

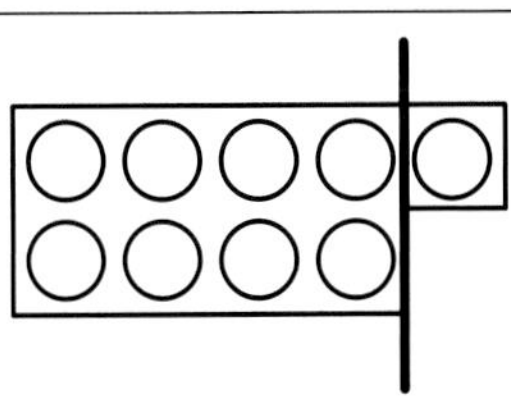

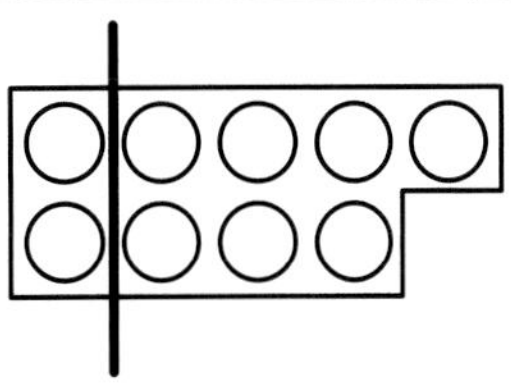

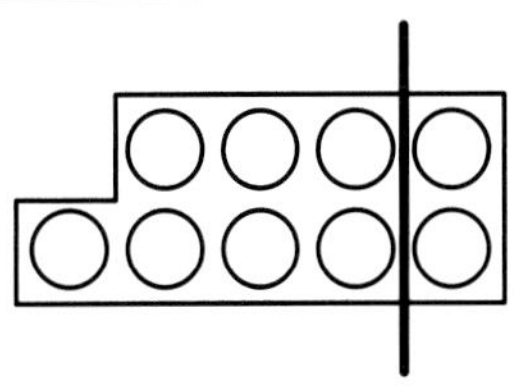

Zerlege und rechne!

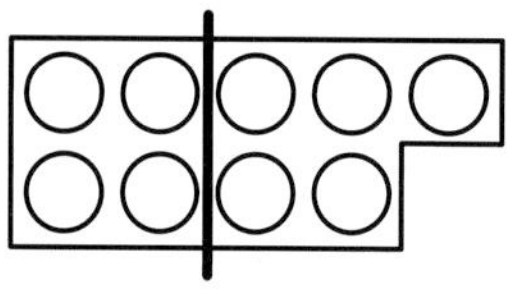

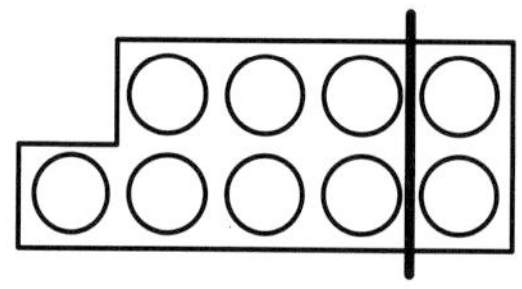

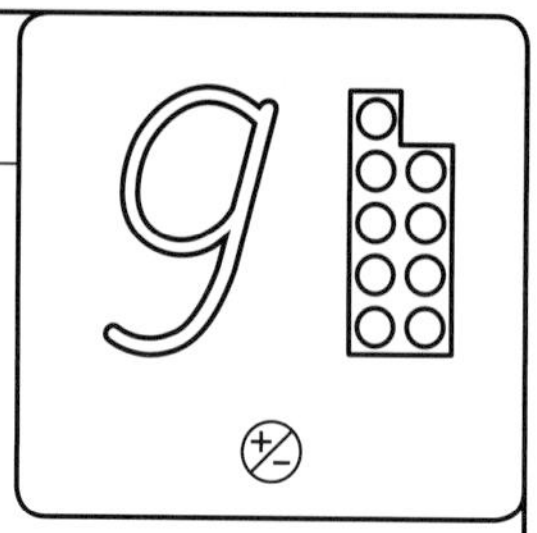

$9 = 4 + \square$	$9 = \square + 2$	
$9 = \square + 1$	$9 = 0 + \square$	$8 = \square + 1$
$8 = 4 + \square$	$9 = \square + 8$	$9 = 7 + \square$
$9 = 6 + \square$	$8 = \square + 6$	$9 = \square + 6$
$9 = \square + 3$	$7 = 6 + \square$	$9 = 5 + \square$
$9 = 1 + \square$	$9 = 9 + \square$	$9 = \square + 5$
$8 = 0 + \square$	$9 = 3 + \square$	$9 = \square + 7$
$9 = 6 + \square$	$9 = \square + 4$	$9 = 8 + \square$

Hütchen-Aufgaben

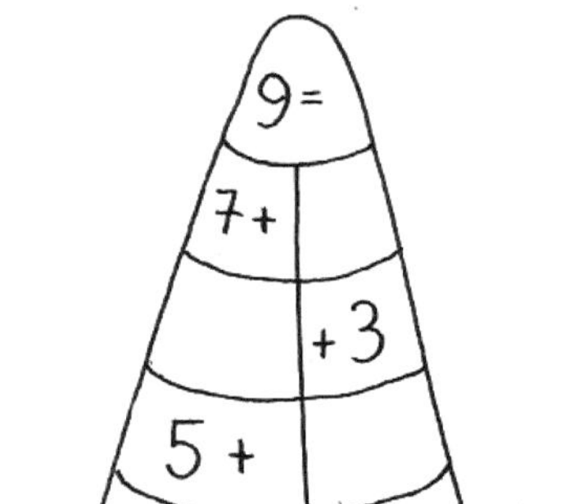

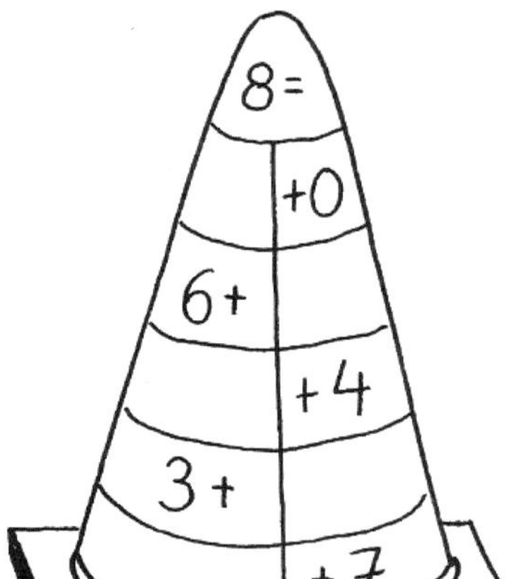

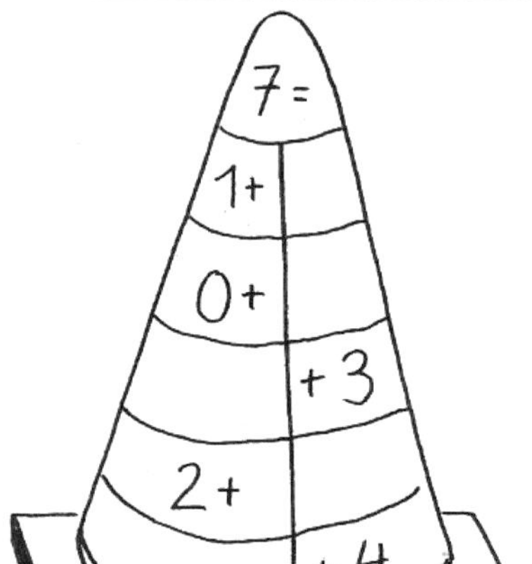

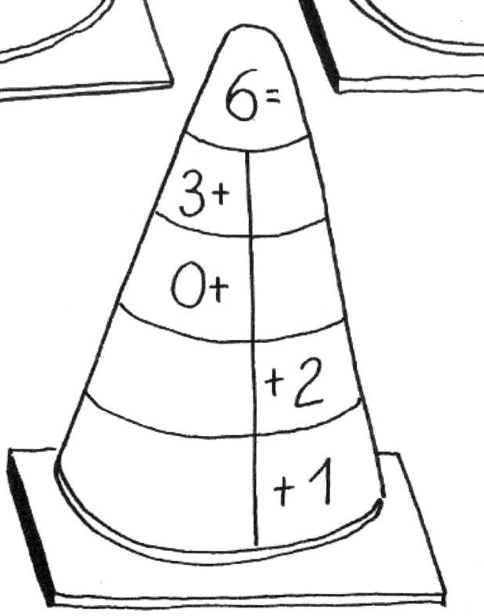

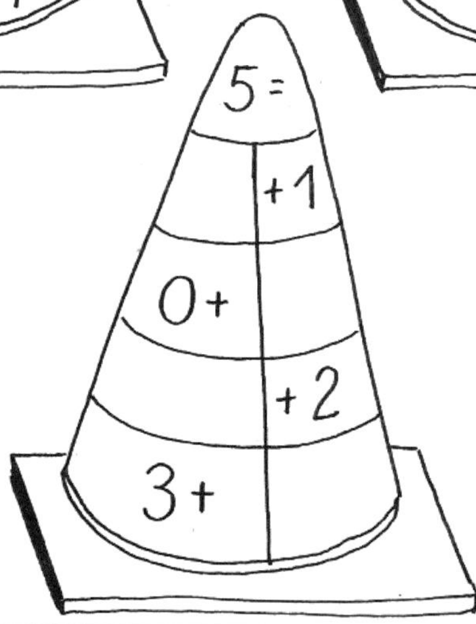

Kistler/Schneider: Rechnen ohne Stolperstein, Band 2A. Illustrationen: Kristina Klotz

Was passiert? ⊕, ⊖ oder ?

9 Gemischte Aufgaben

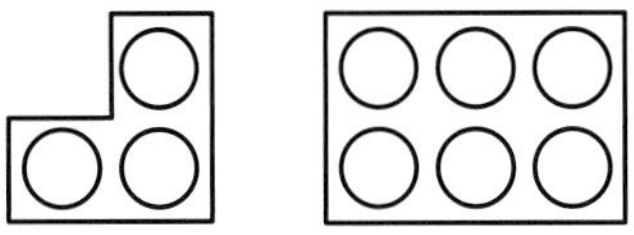

$3 + 6 = \square$

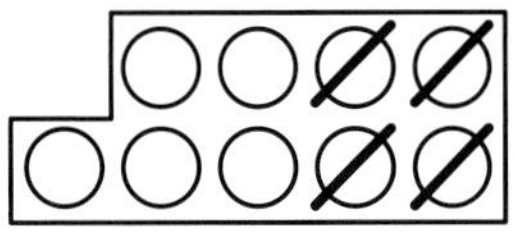

$9 - 4 = \square$

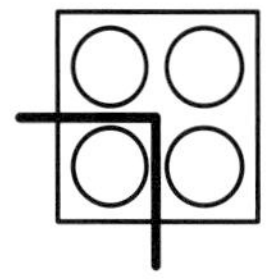

$4 = 1 + \square$

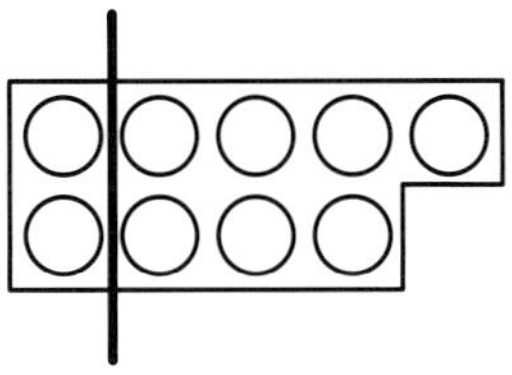

$9 = 2 + \square$

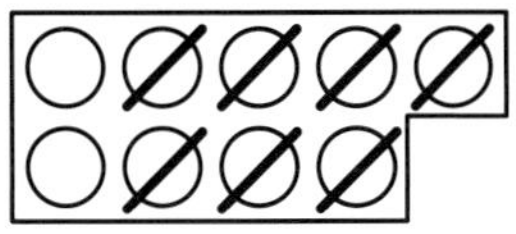

$9 - 7 = \square$

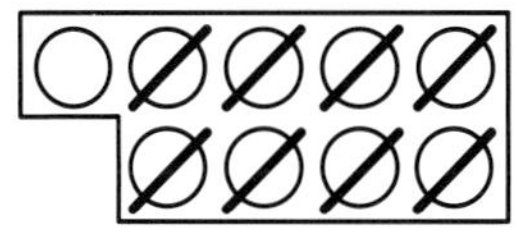

$9 - 8 = \square$

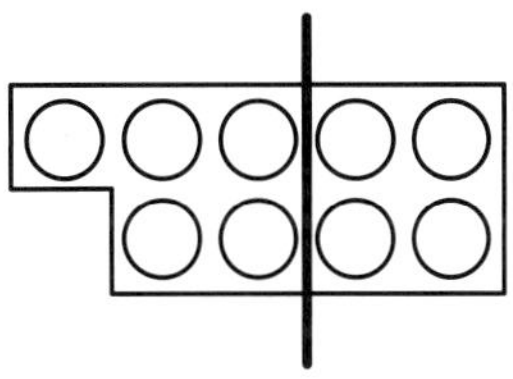

$9 = 5 + \square$

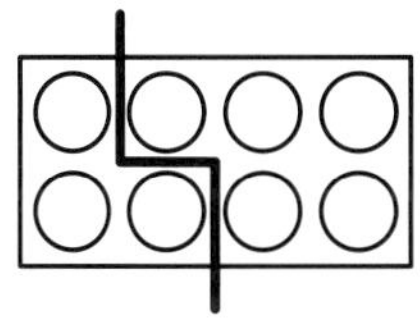

$8 = 3 + \square$

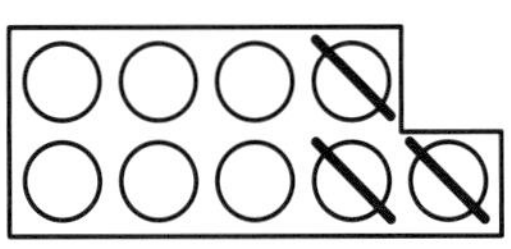

□ ○ □ ○ □

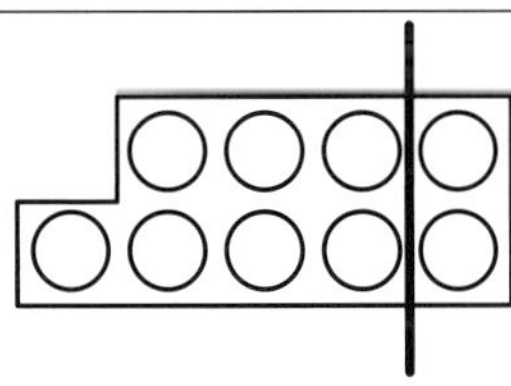

□ ○ □ ○ □

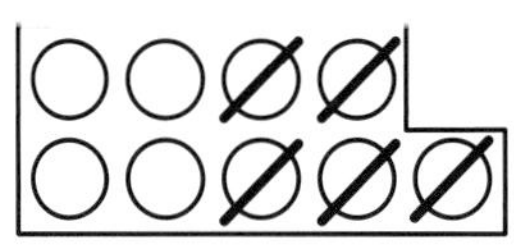

□ ○ □ ○ □

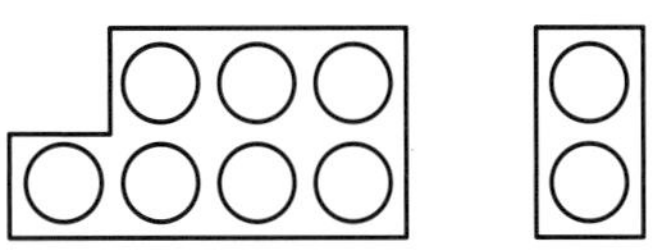

□ ○ □ ○ □

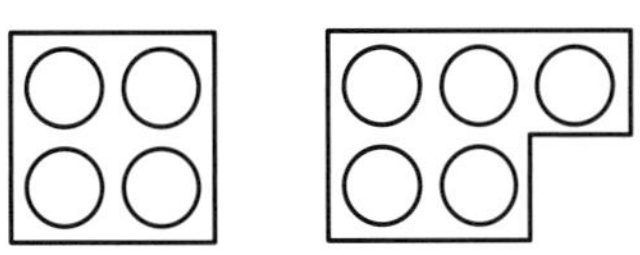

□ ○ □ ○ □

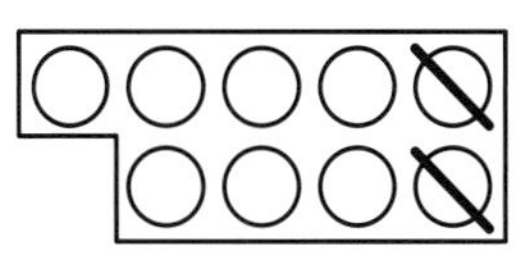

□ ○ □ ○ □

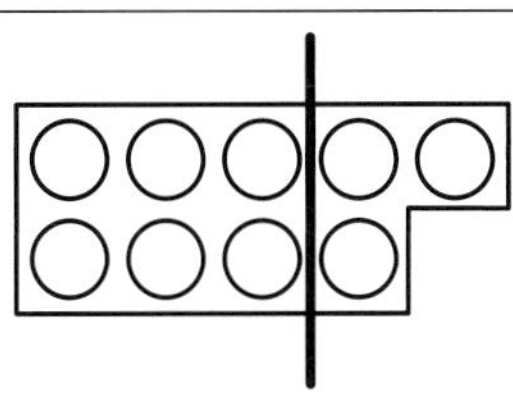

□ ○ □ ○ □

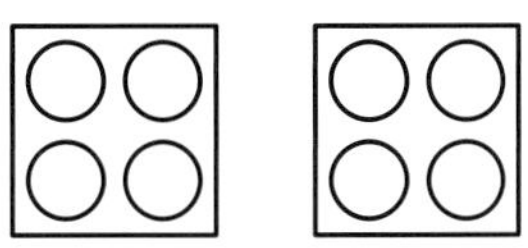

□ ○ □ ○ □

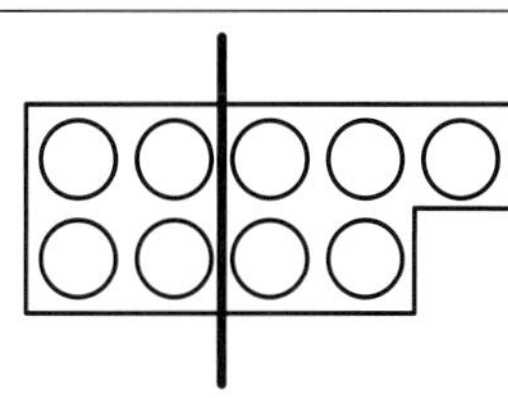

□ ○ □ ○ □

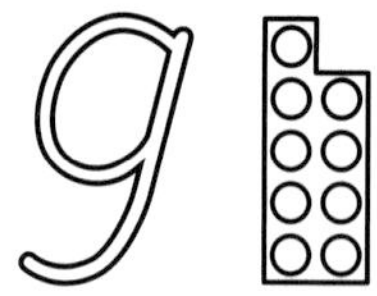

Gemischte Aufgaben

Wie viele Murmeln sind versteckt?

Ich habe
9 Murmeln.

4 | ☐

Ich habe
7 Murmeln.

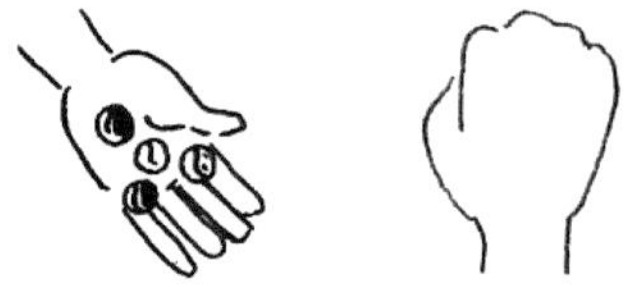

☐ | ☐

Ich habe
5 Murmeln.

☐ | ☐

Ich habe
8 Murmeln.

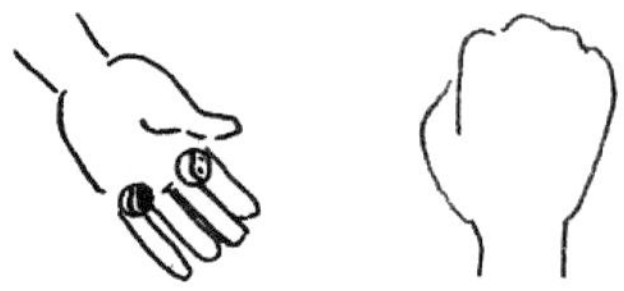

☐ | ☐

Ich habe
9 Murmeln.

☐ | ☐

Wie viele Bälle sind noch im Säckchen?

1 | ☐

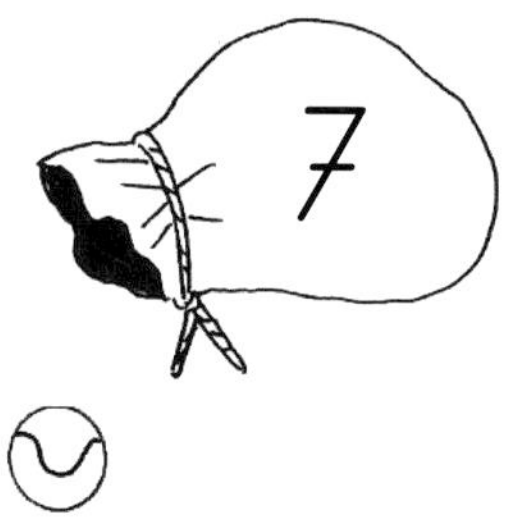

1 | ☐

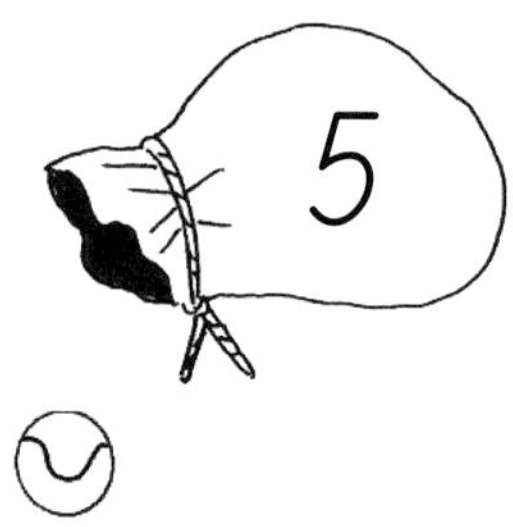

1 | ☐

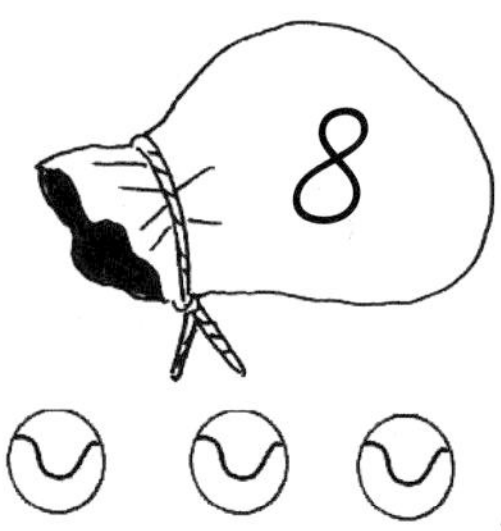

3 | ☐

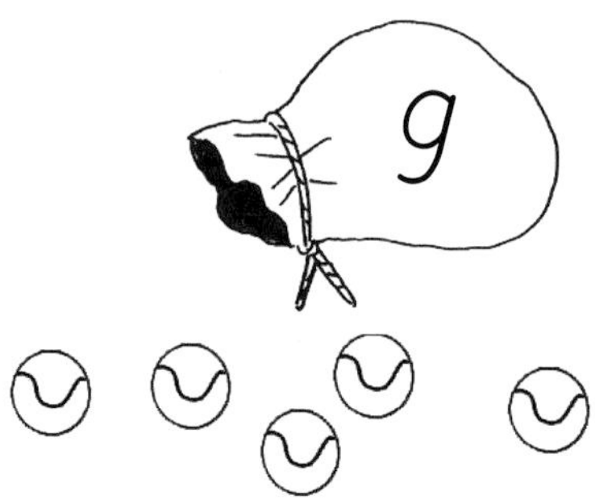

5 | ☐

5 | ☐

Drei Freundinnen gehören zusammen:

9 Gemischte Aufgaben

3 + 6 = □

6 + □ = □

□ − □ = □

□ − □ = □

□ = □ + □

□ = □ + □

□ + □ = □

□ + □ = □

□ − □ = □

□ − □ = □

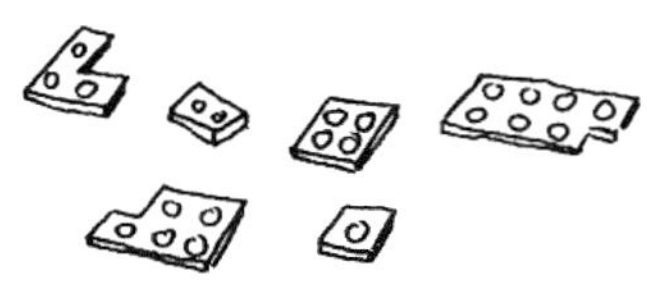

□ = □ + □

□ = □ + □

Drei Freunde gehören zusammen:

9 Gemischte Aufgaben

$5 + 4 = \square$

$4 + \square = \square$

$\square - \square = \square$

$\square - \square = \square$

$\square = \square + \square$

$\square = \square + \square$

$\square + \square = \square$

$\square + \square = \square$

$\square - \square = \square$

$\square - \square = \square$

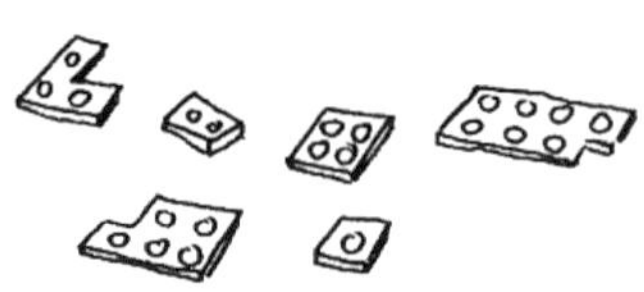

$\square = \square + \square$

$\square = \square + \square$

Kistler / Schneider: Rechnen ohne Stolperstein, Band 2A. Illustrationen: Kristina Klotz

9er-Freundinnen: Welche fehlt?

Gemischte Aufgaben

$3 + \square = 9$

$\square - 4 = 5$

$\square + 0 = 9$

$\square = 3 + 6$

$9 - 2 = \square$

$9 = \square + 1$

$9 - \square = 1$

$4 + 5 = \square$

$9 = 3 + \square$

Drei Freunde: Welcher fehlt?

$5 + \square = 8$

$\square - 4 = 5$

$\square + 4 = 6$

$\square = 2 + 7$

$9 - 5 = \square$

$7 = \square + 2$

$4 - \square = 2$

$5 + 2 = \square$

$9 = 7 + \square$

Die drei Freunde helfen dir!

9 Gemischte Aufgaben

9 − 3 = □	□ − 8 = 1	
□ − 3 = 5	4 + 3 = □	
4 + 5 = □	□ − 4 = 5	
4 + □ = 8	9 − 4 = □	2 + 7 = □
9 − 8 = □	1 + 7 = □	1 + □ = 9
9 = 5 + □	5 + □ = 9	9 = 1 + □
5 + 4 = □	9 = □ + 3	8 − 6 = □

Rechne und male richtig an!

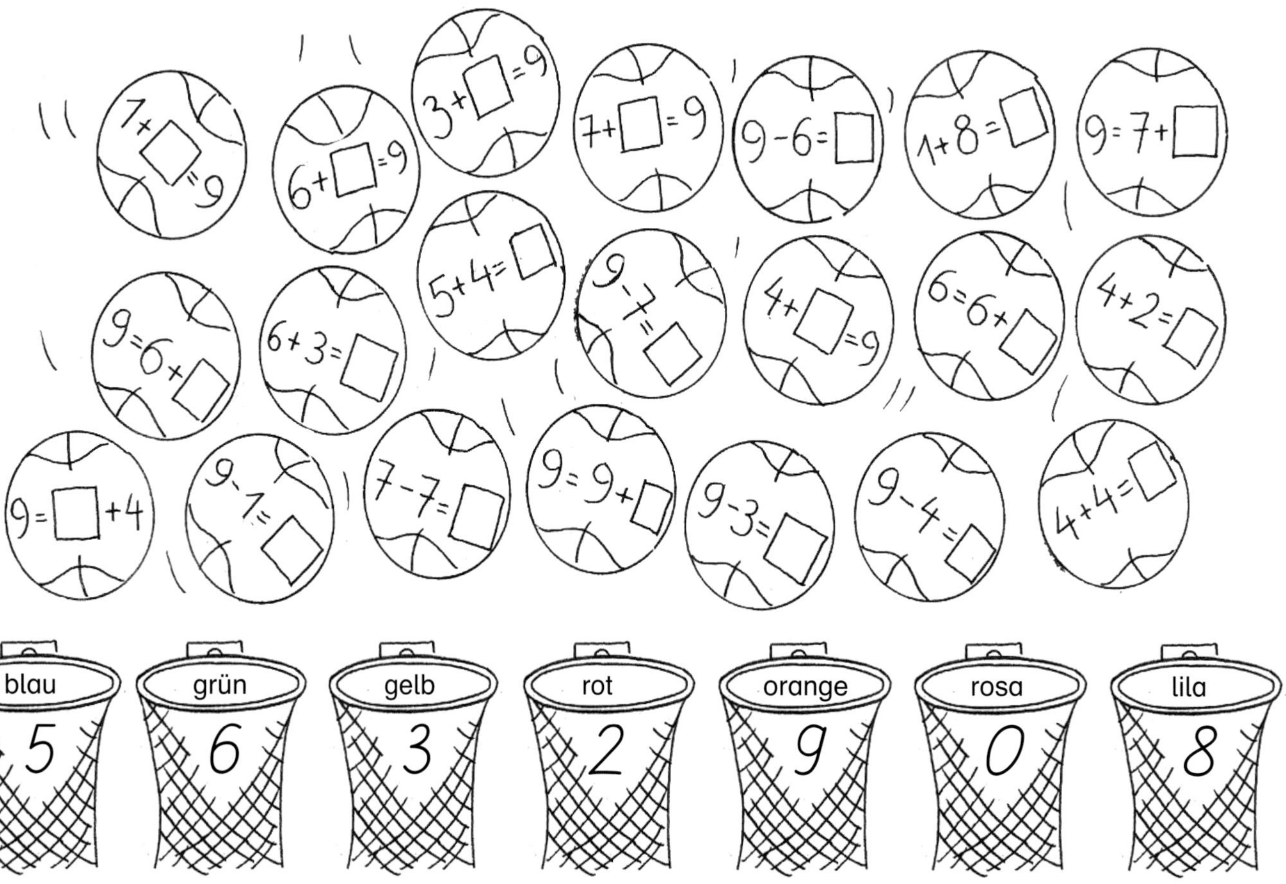

Kistler/Schneider: Rechnen ohne Stolperstein, Band 2A. Illustrationen: Kristina Klotz

Umkehraufgaben

9 Gemischte Aufgaben

9 − ☐ = ☐

9 Fenster waren ganz	1 Fenster ging kaputt	8 Fenster sind noch ganz

8 + ☐ = ☐

8 Fenster sind noch ganz	1 neues Fenster kommt	9 Fenster sind es wieder

9 − 4 = ☐

9 − 3 = ☐

9 − 2 = ☐

9 − 5 = ☐

☐ + ☐ = ☐

☐ ◯ ☐ ◯ ☐

☐ ◯ ☐ ◯ ☐

☐ ◯ ☐ ◯ ☐

5 − 2 = ☐

9 − 6 = ☐

7 − 3 = ☐

9 − 0 = ☐

☐ ◯ ☐ ◯ ☐

☐ ◯ ☐ ◯ ☐

☐ ◯ ☐ ◯ ☐

☐ ◯ ☐ ◯ ☐

Rechengeschichten

Gemischte Aufgaben

9 Kinder sind in der Turnhalle.
7 Kinder springen über den Kasten.
Wie viele Kinder schauen dabei zu?

Wir rechnen: □ ○ □ ○ □

Wir antworten: ______________________________

____

Die Jungen spielen gegen die Mädchen Fußball.
Die Mädchen schießen 5 Tore, die Jungen 4 Tore.
Wie viele Tore sehen die Zuschauer?

Wir rechnen: □ ○ □ ○ □

Wir antworten: ______________________________

____

Jakob und Edith kegeln. Edith trifft zuerst 6 Kegel, dann 3 Kegel.
Wie viele Kegel hat sie getroffen?

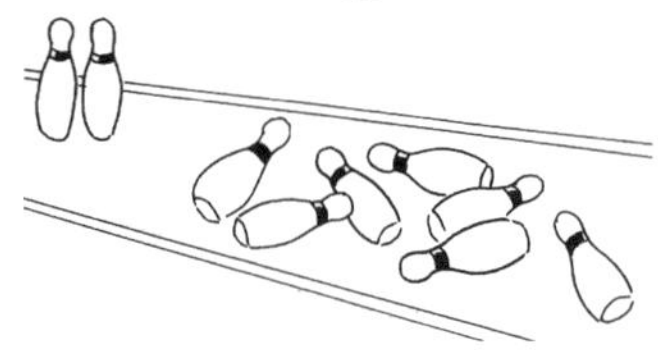

Wir rechnen: □ ○ □ ○ □

Wir antworten: ______________________________

____

Jakob trifft zuerst 3 Kegel, dann 5 Kegel.
Wie viele Kegel hat er getroffen?

Wir rechnen: □ ○ □ ○ □

Wir antworten: ______________________________

____

Wer hat gewonnen?

Wir antworten: ______________________________

Kistler/Schneider: Rechnen ohne Stolperstein, Band 2A. Illustrationen: Kristina Klotz

Auf dem Bauernhof

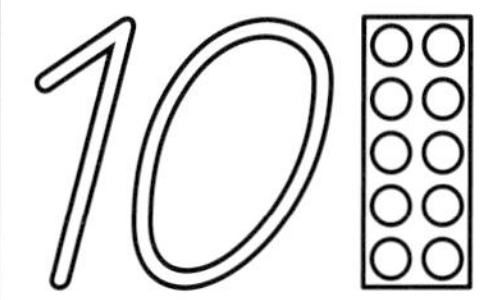

Mengenbildung

Male nur aus, wenn es 10 Dinge sind!

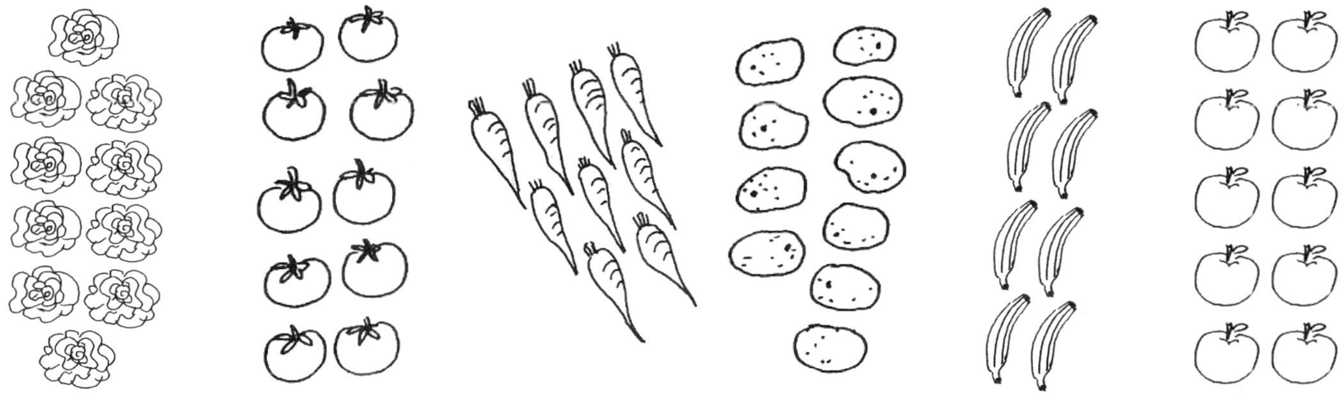

Male immer 10 Eier in einer Farbe aus!

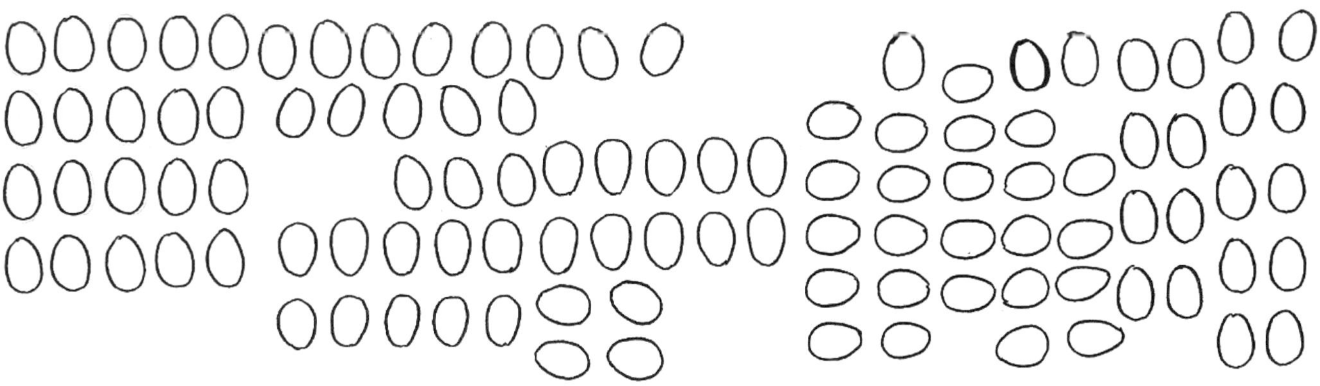

Male immer 10 Eier in die Körbe!

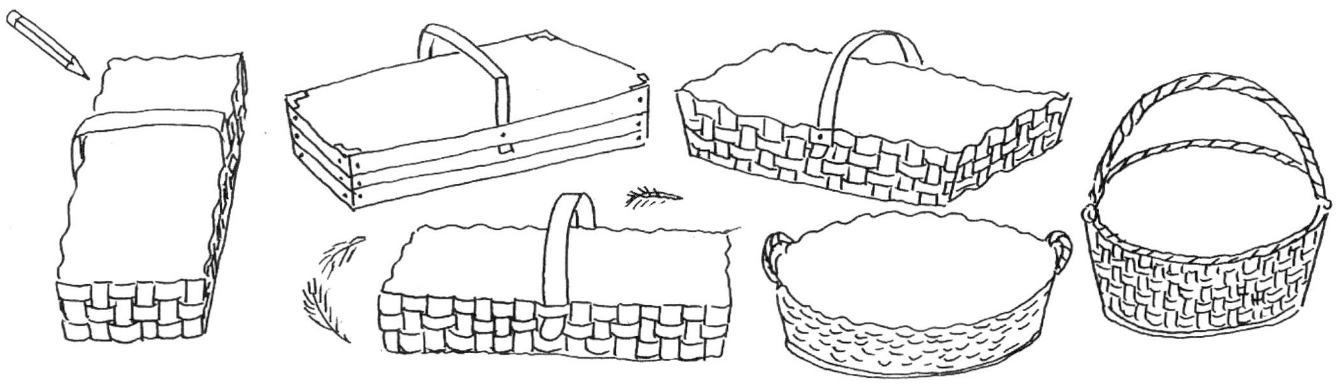

Male alle 10er-Plättchen an!

10

Mengenbildung

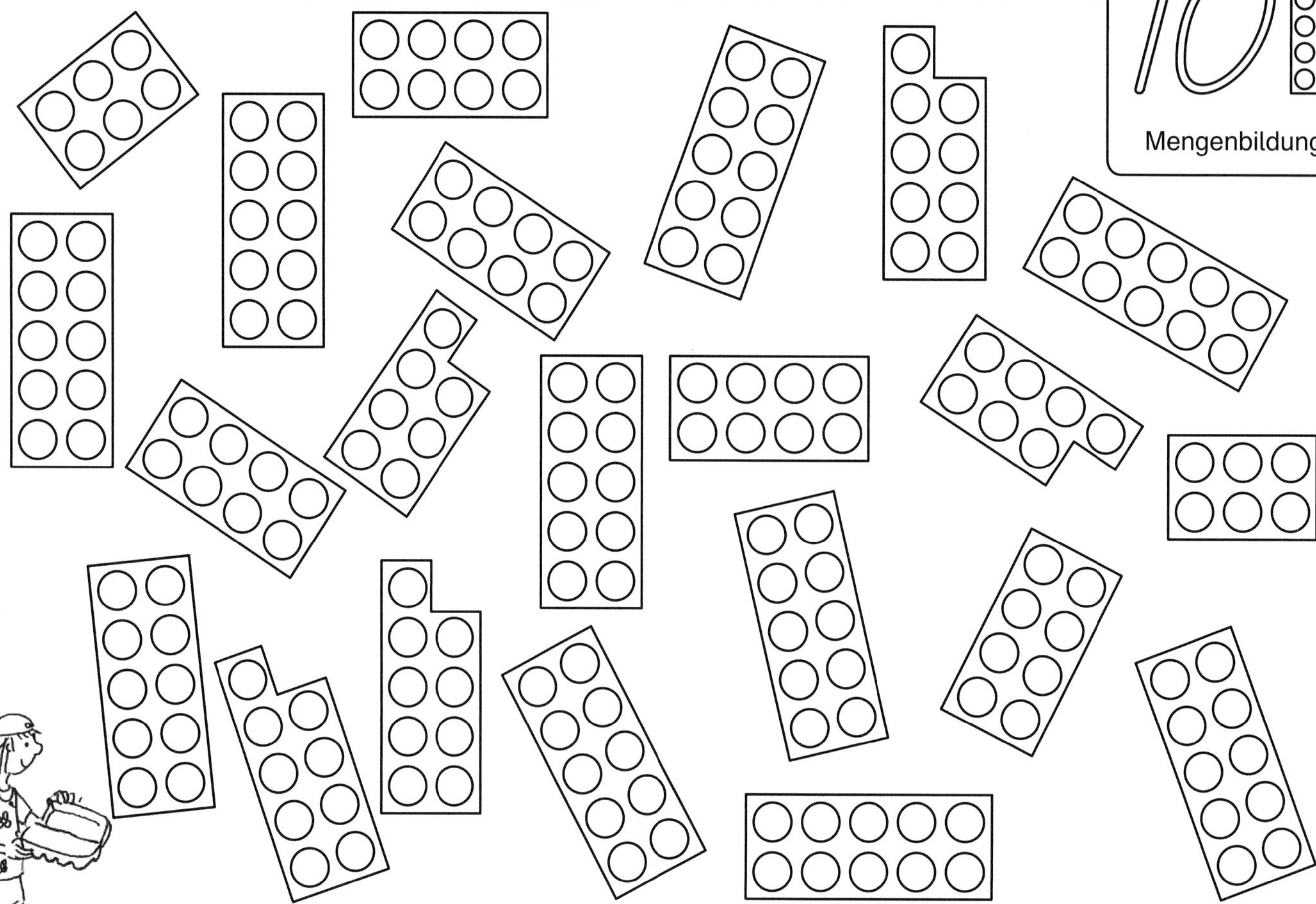

Rahme 10er-Plättchen ein!

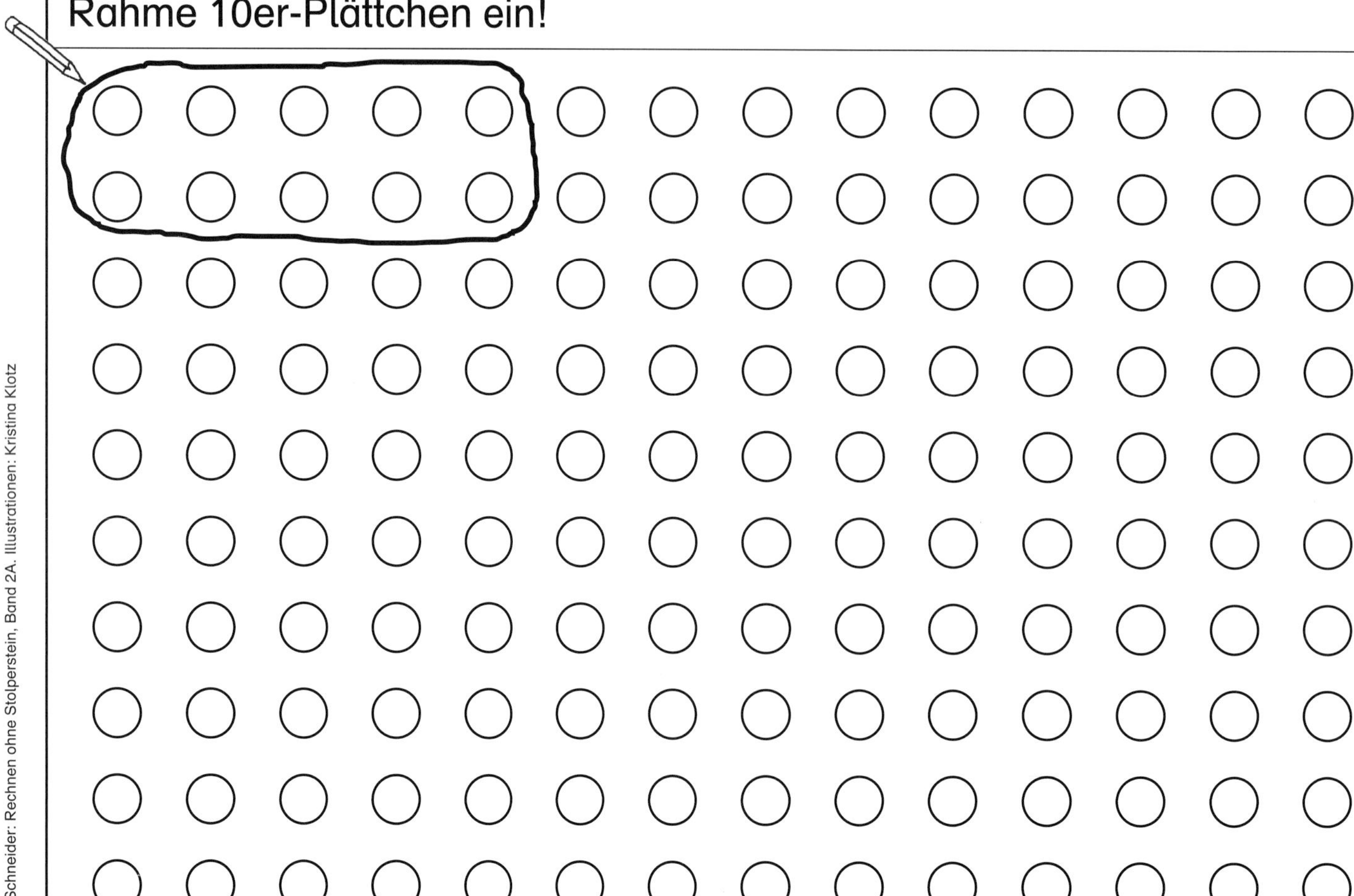

Kistler/Schneider: Rechnen ohne Stolperstein, Band 2A. Illustrationen: Kristina Klotz

Male die Punkte und schreibe die richtige Zahl dazu!

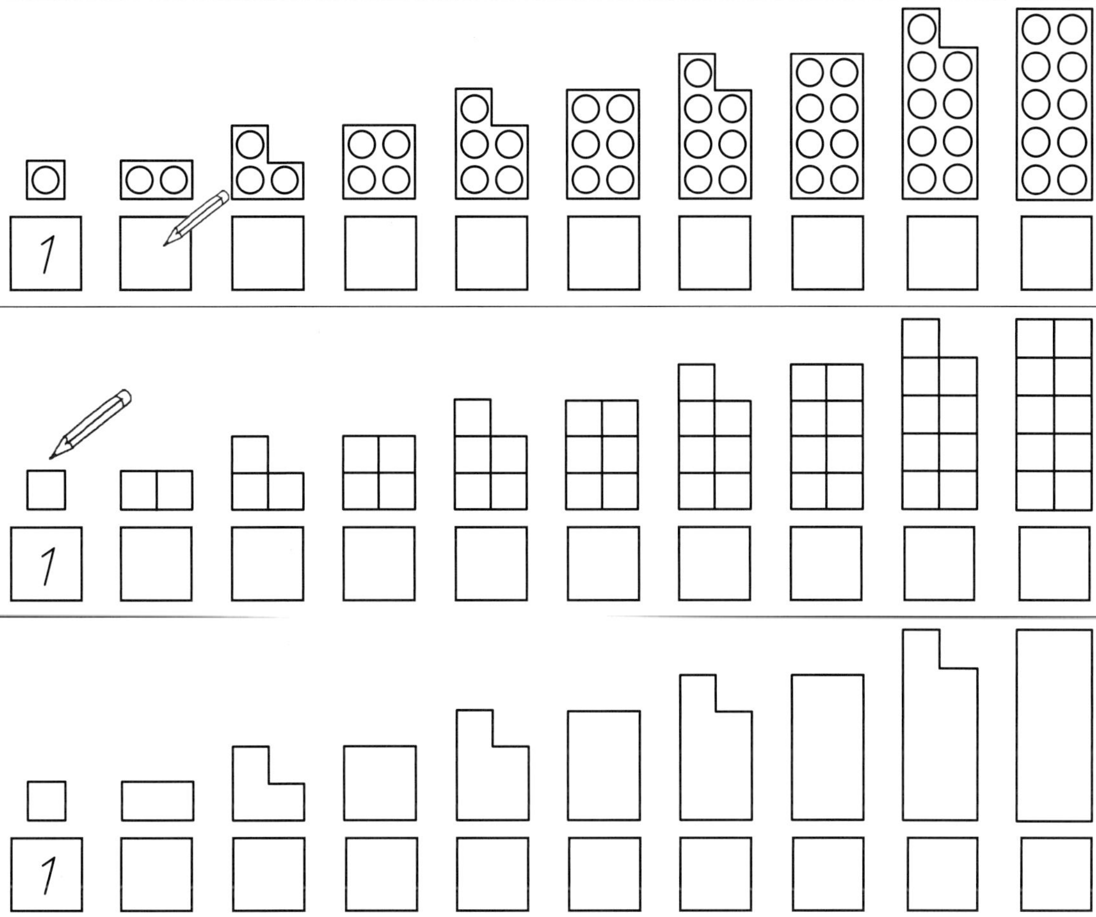

Verbinde in der richtigen Reihenfolge!

Du kennst dich bis 10 gut aus!

10

Orientierung

Welche Zahlen fehlen?

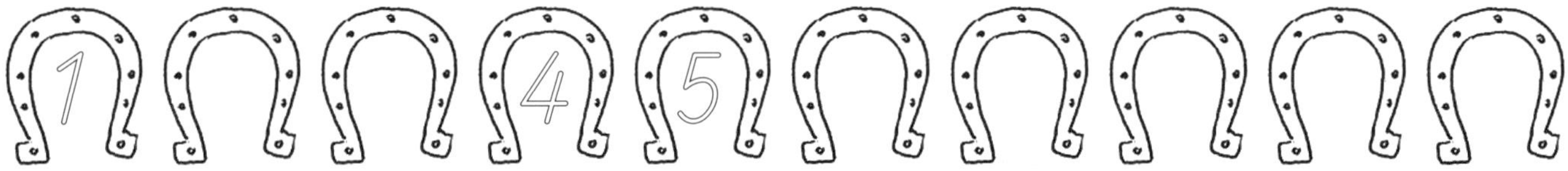

Nachbar-Zahlen

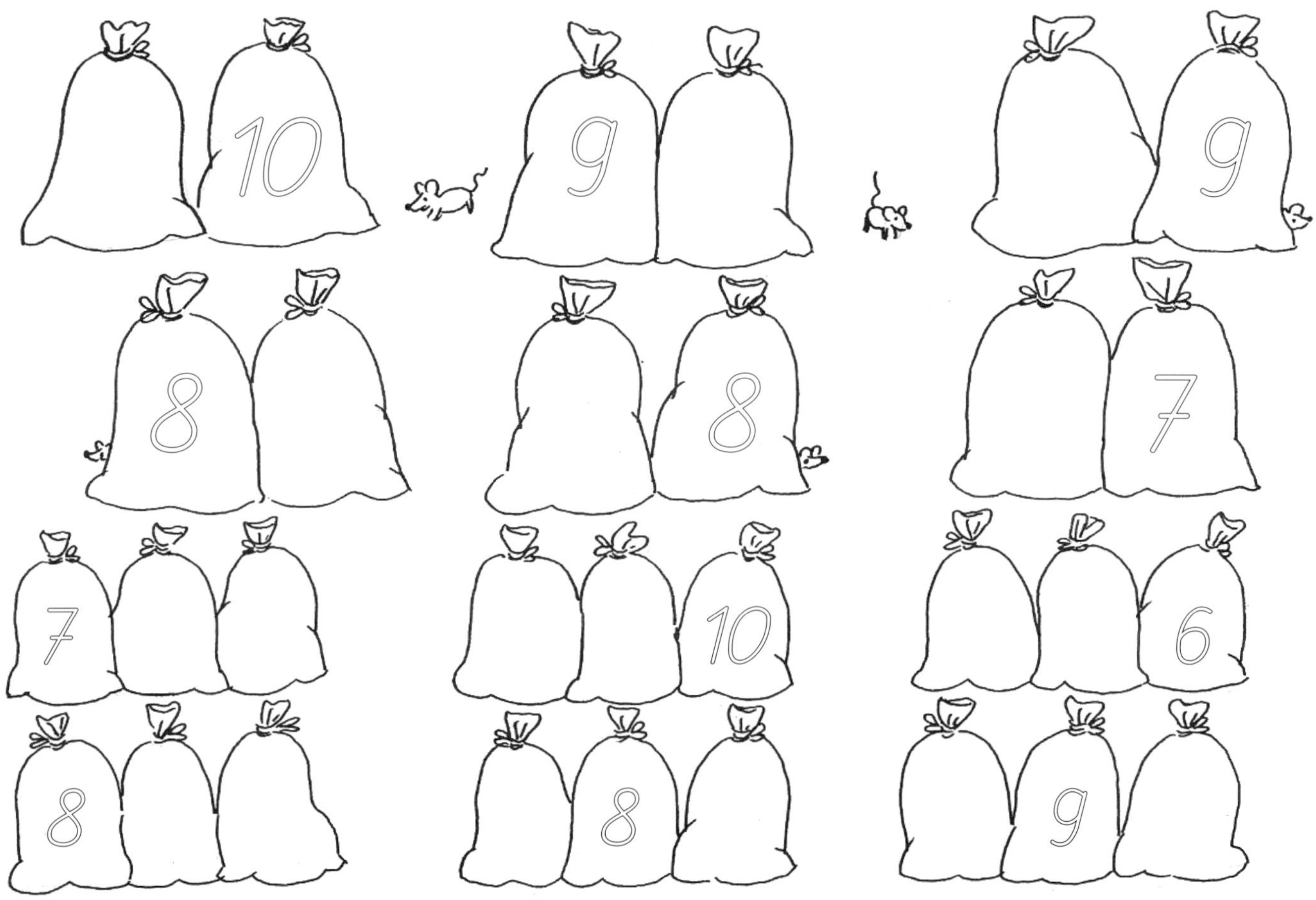

Kistler/Schneider: Rechnen ohne Stolperstein, Band 2A. Illustrationen: Kristina Klotz

Wir vergleichen: 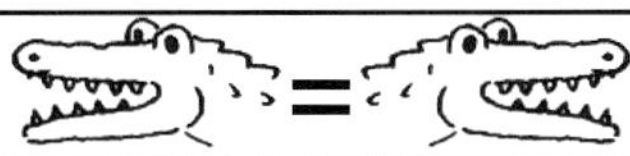

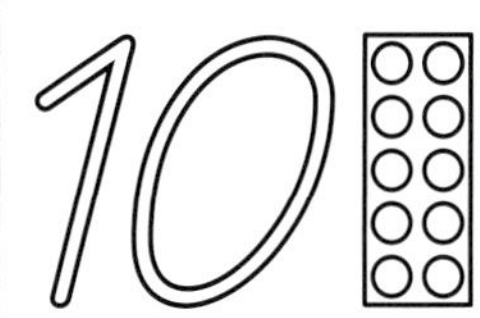

Orientierung > = <

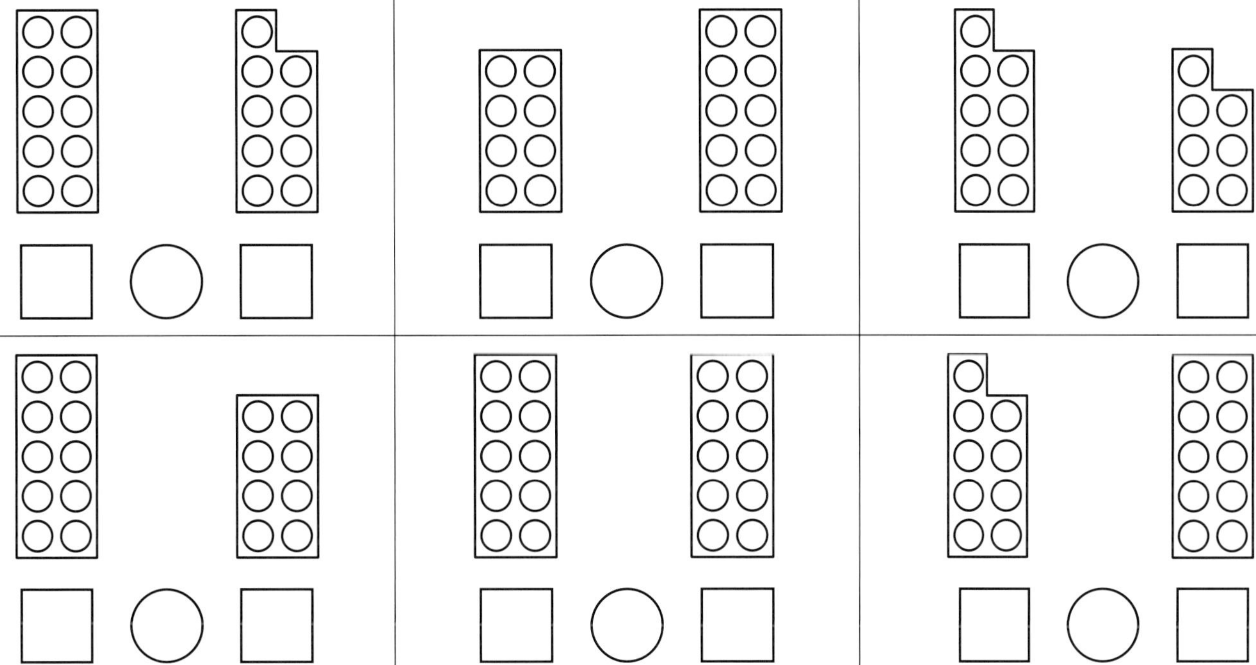

Kleiner, größer oder gleich?

10	○	9	1	○	10	9	○	10	10	○	6
0	○	10	9	○	8	10	○	7	10	○	1
8	○	10	10	○	8	6	○	6	7	○	10
10	○	10	5	○	10	10	○	0	8	○	9
9	○	7	6	○	9	8	○	6	7	○	2

Finde eine passende Lösung!

8	<	□	1	<	□	6	<	□	9	>	□
10	>	□	9	<	□	10	>	□	7	<	□
6	<	□	10	=	□	0	<	□	10	=	□
1	>	□	9	>	□	6	>	□	5	<	□

Wir zerlegen:

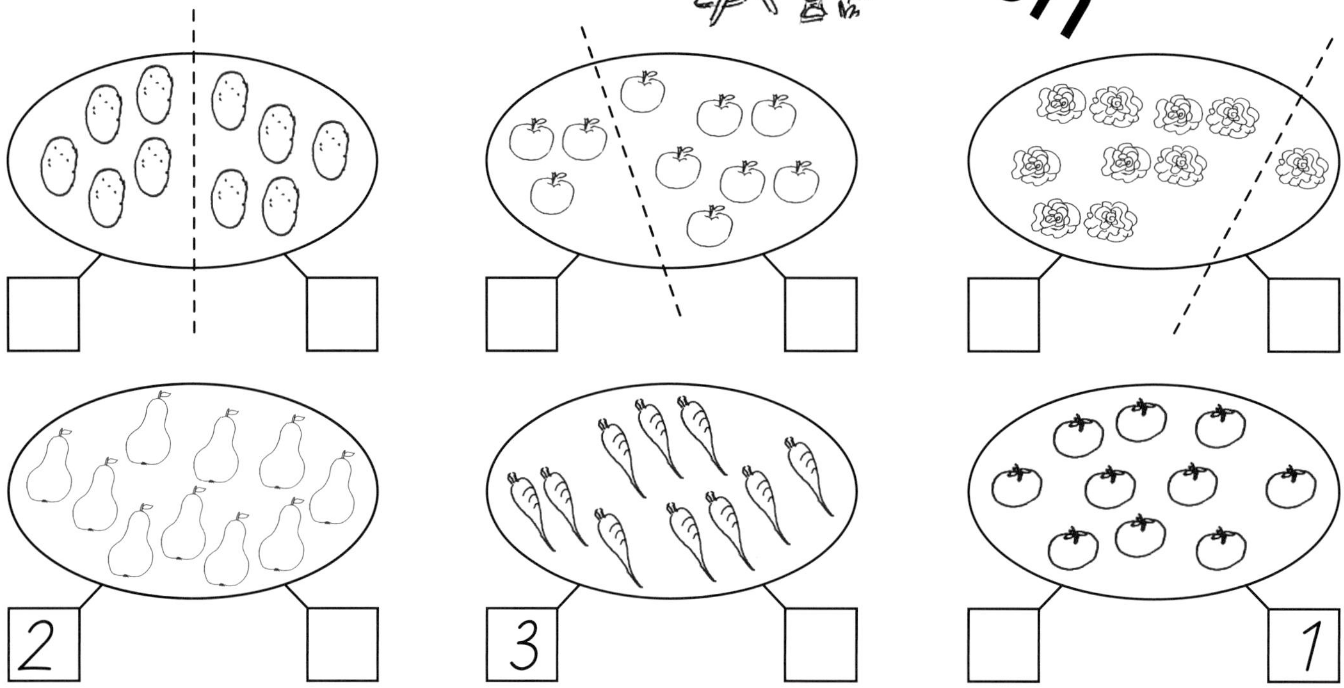

Wie ist die 10 zerlegt?

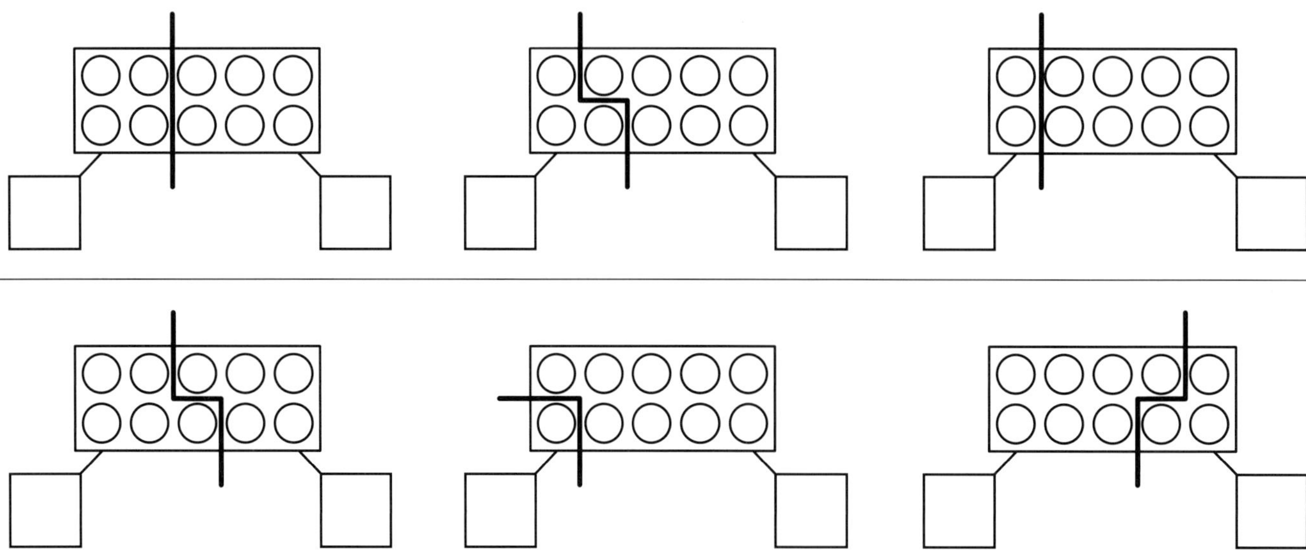

Zerlege selbst!

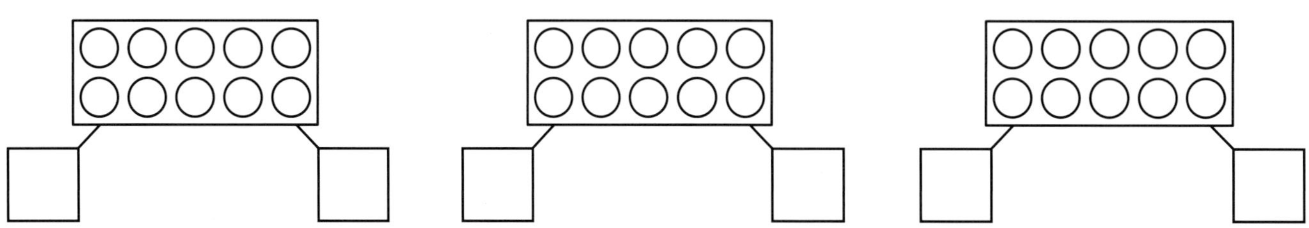

Kistler/Schneider: Rechnen ohne Stolperstein, Band 2A. Illustrationen: Kristina Klotz

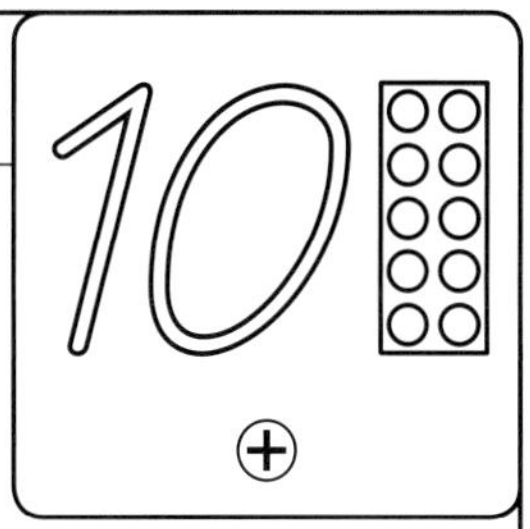

⊕ Plus: Es werden mehr!

3 + 7 = ☐

7 + 3 = ☐

8 + 2 = ☐

Rechnen mit Plättchen!

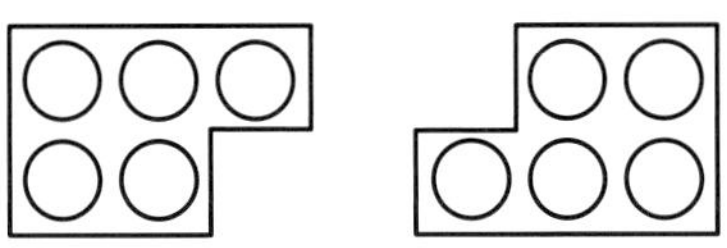

5 + 5 = ☐

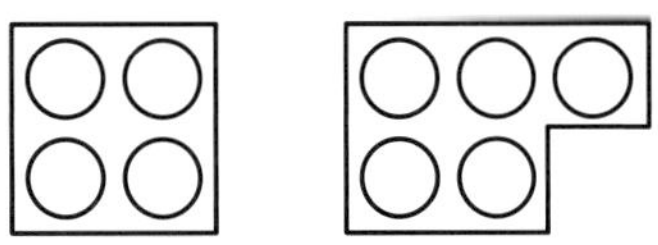

4 + 5 = ☐

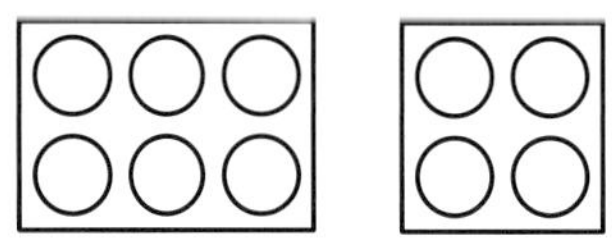

6 + 4 = ☐

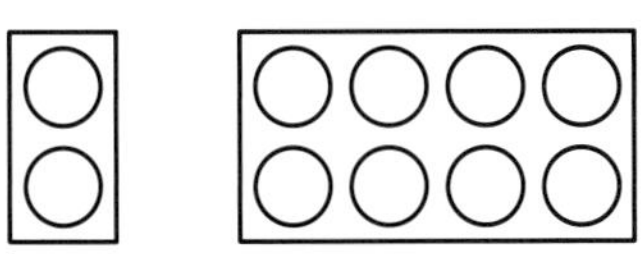

2 + 8 = ☐

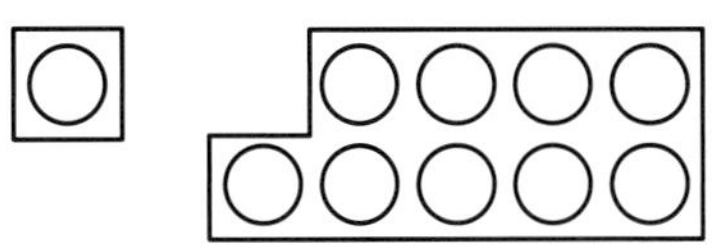

1 + 9 = ☐

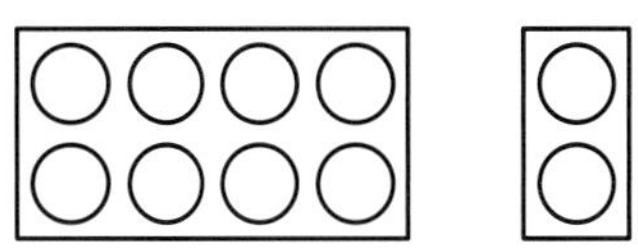

8 + 2 = ☐

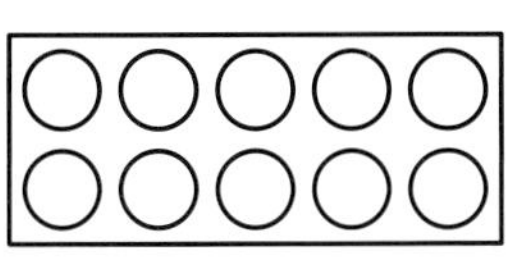

10 + 0 = ☐

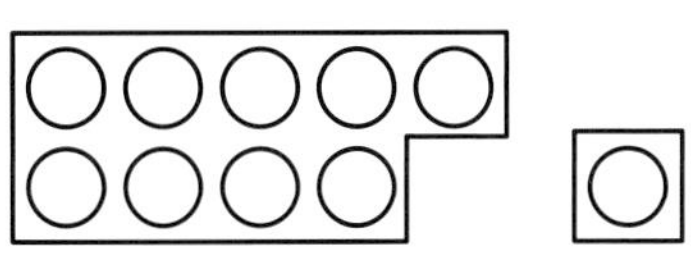

9 + 1 = ☐

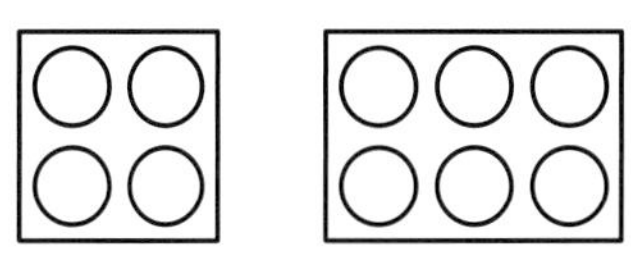

4 + 6 = ☐

Male die Plättchen und rechne!

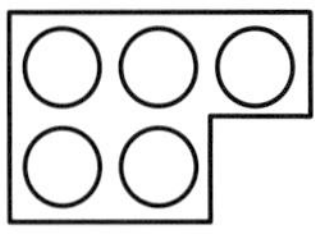

$5 + 5 = \square$

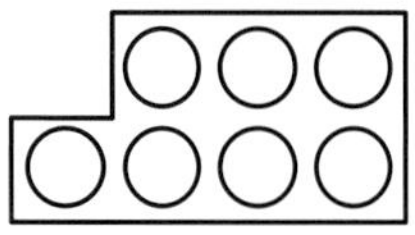

$7 + 2 = \square$

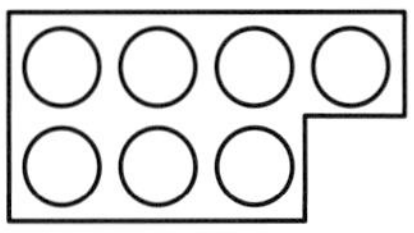

$7 + 3 = \square$

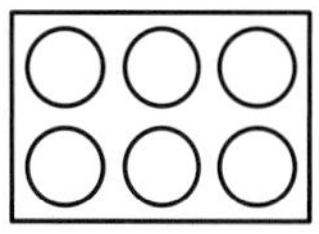

$6 + 4 = \square$

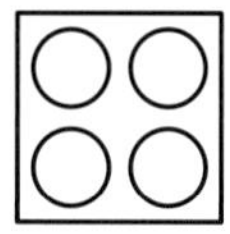

$4 + 6 = \square$

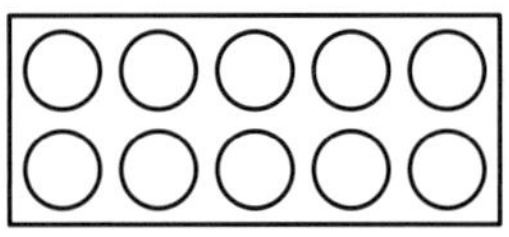

$10 + 0 = \square$

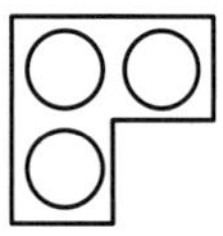

$3 + 7 = \square$

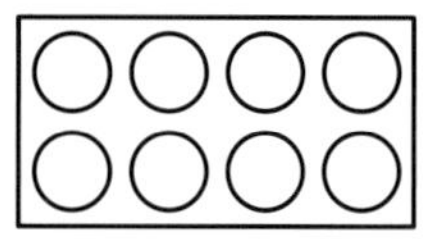

$8 + 2 = \square$

Male die Rechnung!

$6 + 4 = \square$

$1 + 9 = \square$

$7 + 3 = \square$

$2 + 8 = \square$

$2 + 7 = \square$

$0 + 10 = \square$

$8 + 2 = \square$

$4 + 6 = \square$

$5 + 5 = \square$

Kistler/Schneider: Rechnen ohne Stolperstein, Band 2A. Illustrationen: Kristina Klotz

Wie heiβt die Rechnung?

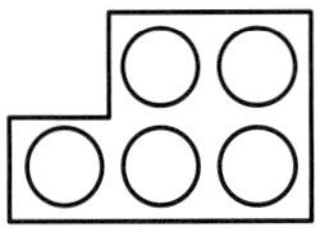

□ ◯ □ ◯ □

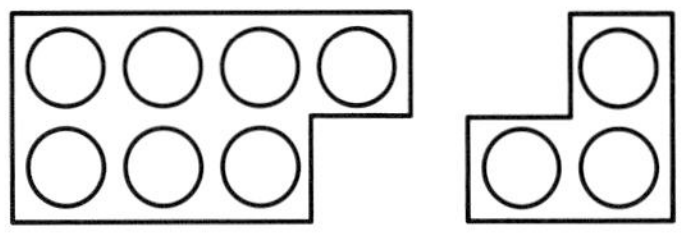

□ ◯ □ ◯ □

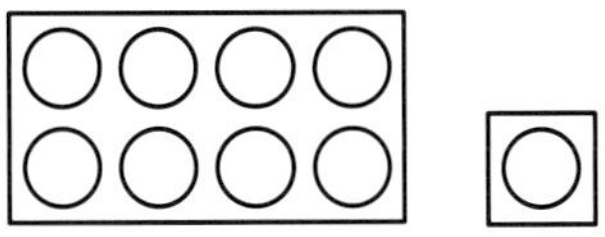

□ ◯ □ ◯ □

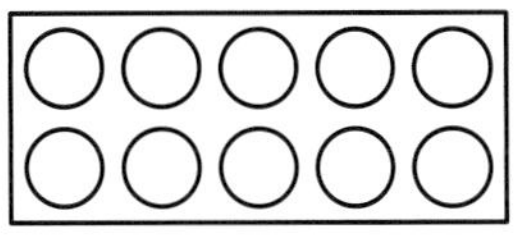

□ ◯ □ ◯ □

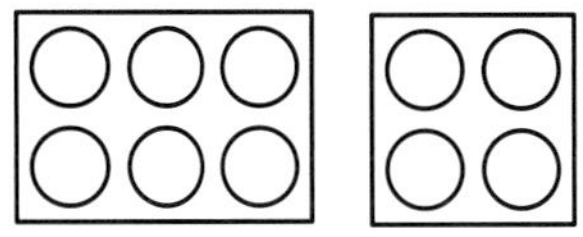

□ ◯ □ ◯ □

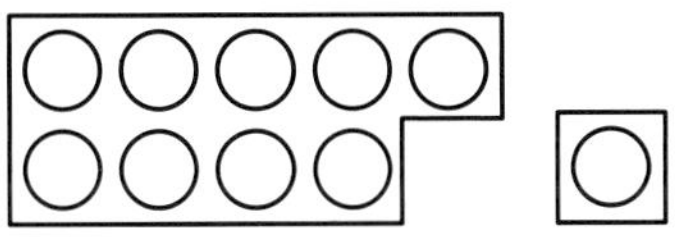

□ ◯ □ ◯ □

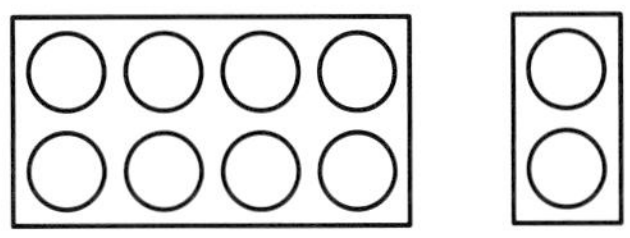

□ ◯ □ ◯ □

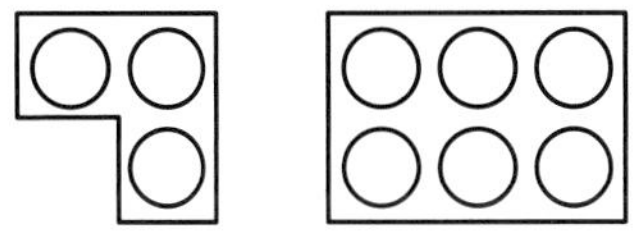

□ ◯ □ ◯ □

Denke an die Plättchen und rechne!

10 + 0 = □	0 + 10 = □	9 + 1 = □
7 + 3 = □	3 + 6 = □	2 + 5 = □
4 + 6 = □	6 + 4 = □	4 + 5 = □
3 + 5 = □	2 + 6 = □	2 + 8 = □

Finde selbst Aufgaben!

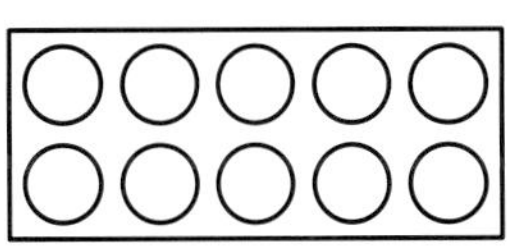

□ + □ = 10
□ + □ = 10
□ + □ = 10
□ + □ = 10

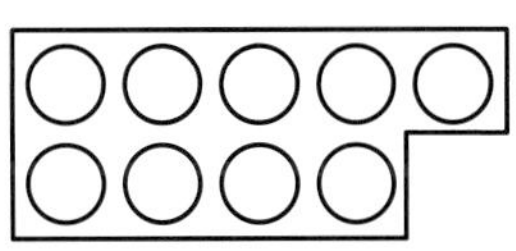

□ + □ = 9
□ + □ = 9
□ + □ = 9
□ + □ = 9

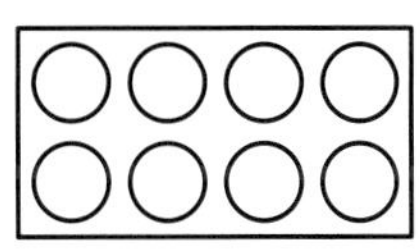

□ + □ = 8
□ + □ = 8
□ + □ = 8
□ + □ = 8

Für Spürnasen: Rechne zuerst, finde dann eine passende Aufgabe!

10 ⊕

2 + 2 = □	3 + 3 = □
4 + 4 = □	1 + 6 = □
1 + 1 = □	5 + 3 = □
0 + 0 = □	2 + 7 = □
□ + □ = □	□ + □ = □

Kettenaufgaben

[8] 4 + 4 + 2 = □	□ 1 + 6 + 3 = □	□ 0 + 5 + 5 = □
□ 3 + 4 + 2 = □	□ 2 + 2 + 4 = □	□ 2 + 6 + 1 = □
□ 2 + 5 + 3 = □	□ 7 + 0 + 3 = □	□ 1 + 4 + 5 = □
□ 1 + 3 + 5 = □	□ 2 + 6 + 2 = □	□ 2 + 2 + 5 = □

Stroh-Aufgaben

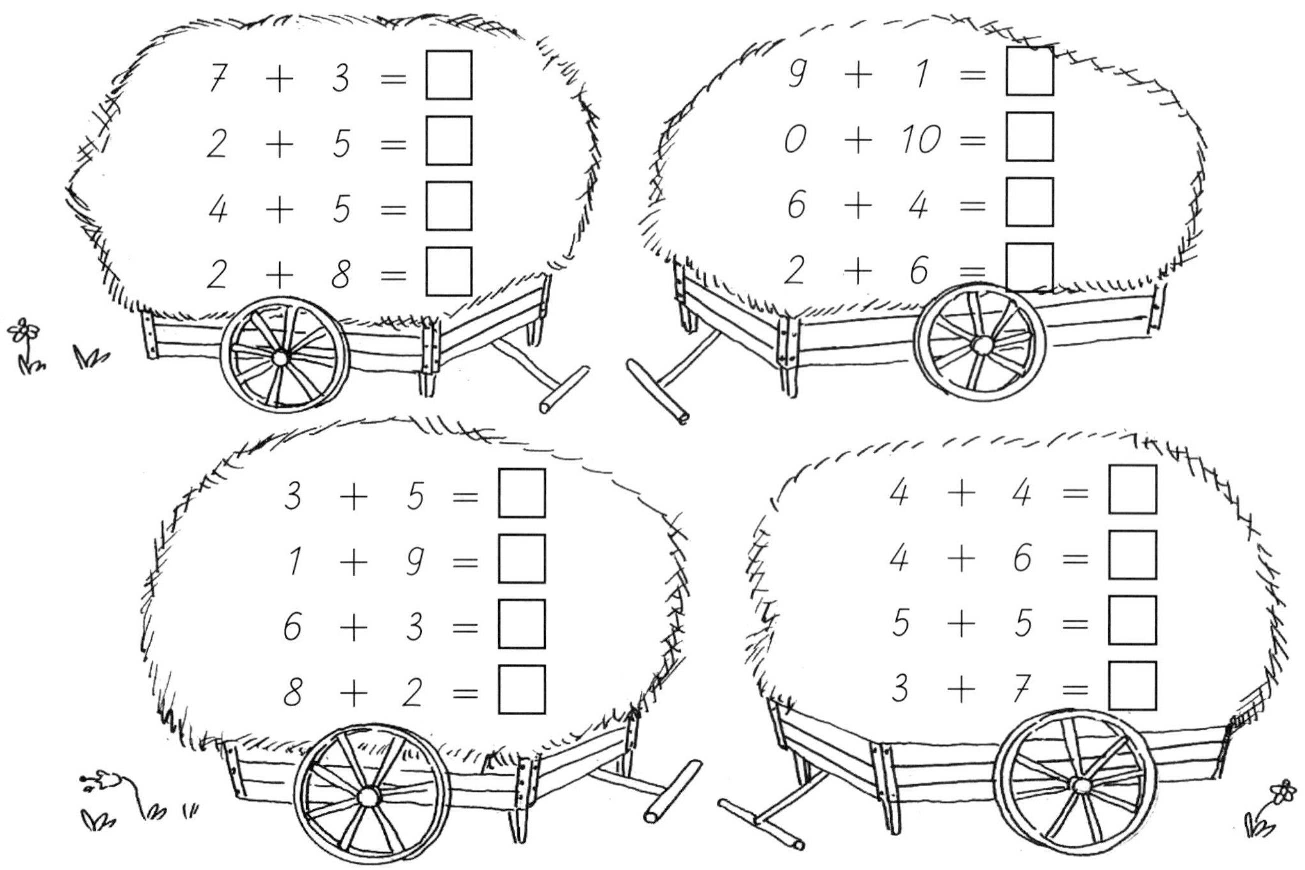

7 + 3 = □
2 + 5 = □
4 + 5 = □
2 + 8 = □

9 + 1 = □
0 + 10 = □
6 + 4 = □
2 + 6 = □

3 + 5 = □
1 + 9 = □
6 + 3 = □
8 + 2 = □

4 + 4 = □
4 + 6 = □
5 + 5 = □
3 + 7 = □

Kistler / Schneider: Rechnen ohne Stolperstein, Band 2A. Illustrationen: Kristina Klotz

⊖ Minus: Es werden weniger!

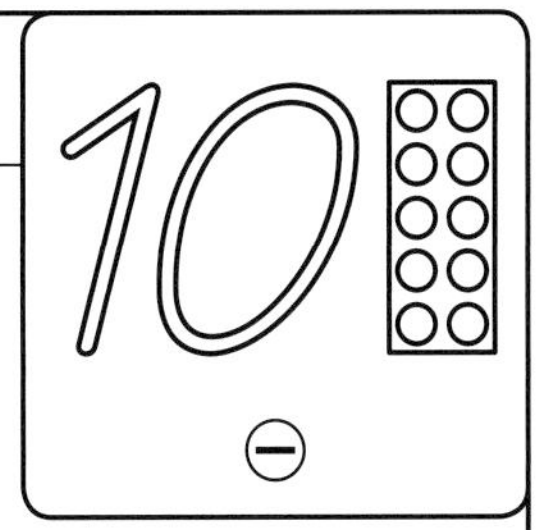

$10 - 3 = \square$

□ ○ □ ○ □

□ ○ □ ○ □

Rechnen mit Plättchen!

$10 - 6 = \square$

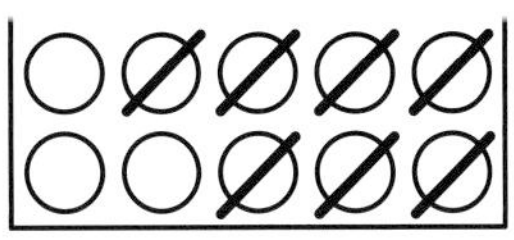

$10 - 7 = \square$

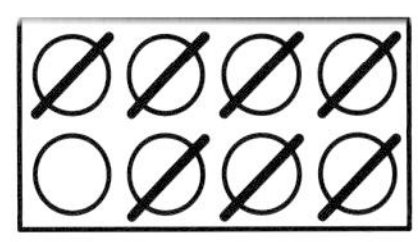

$8 - 7 = \square$

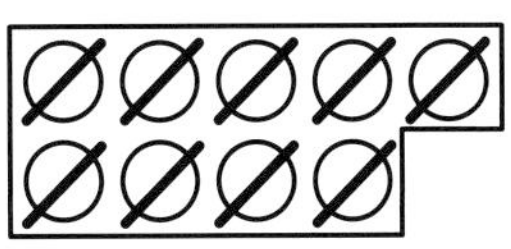

$9 - 9 = \square$

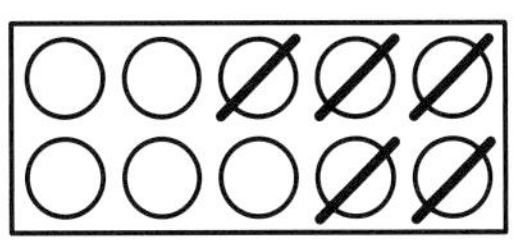

$10 - 5 = \square$

$10 - 8 = \square$

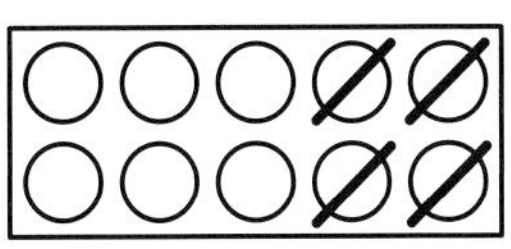

$10 - 4 = \square$

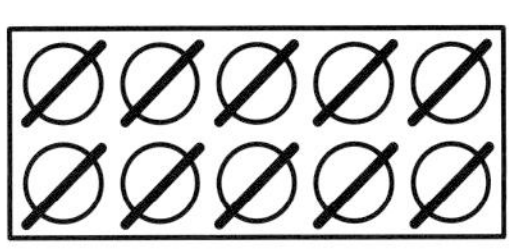

$10 - 10 = \square$

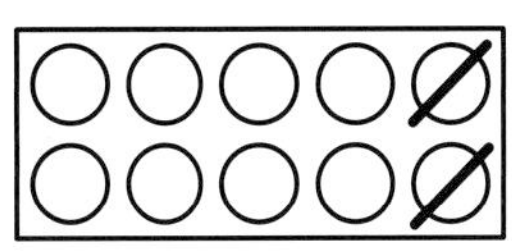

$10 - 2 = \square$

Streiche weg und rechne!

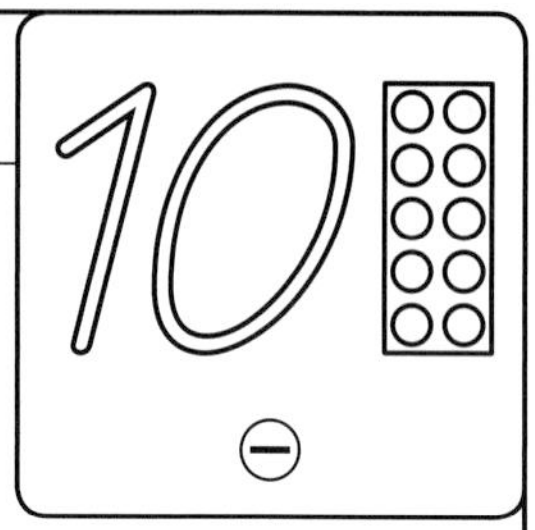

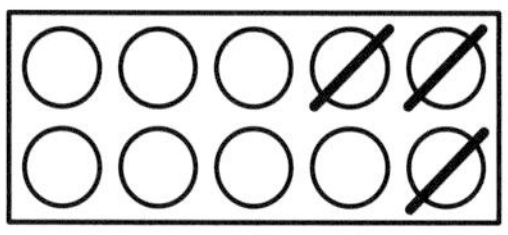

$10 - 3 = \square$

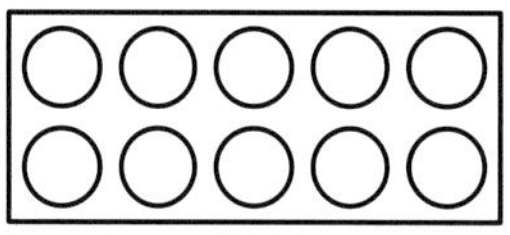

$10 - 1 = \square$

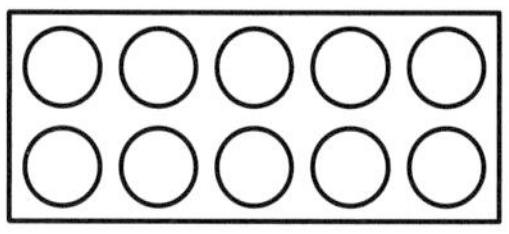

$10 - 6 = \square$

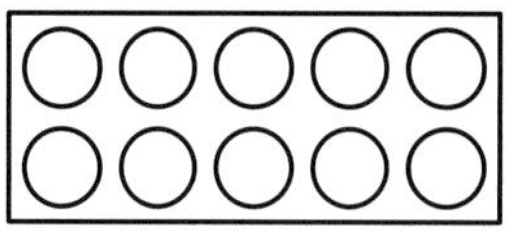

$10 - 5 = \square$

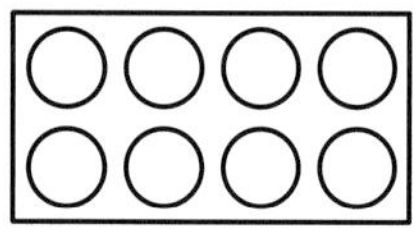

$8 - 4 = \square$

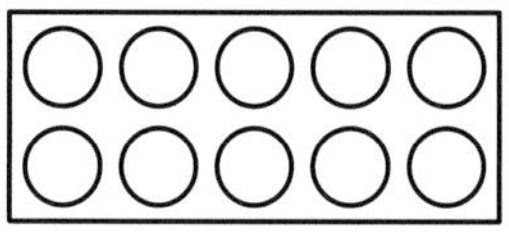

$10 - 2 = \square$

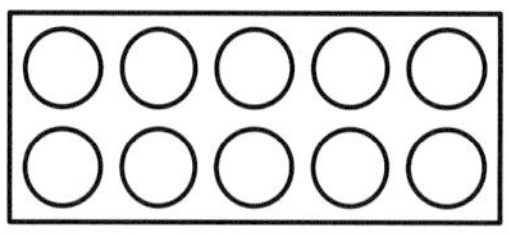

$10 - 9 = \square$

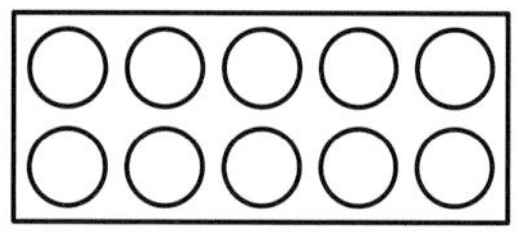

$10 - 4 = \square$

Male die Rechnung!

$10 - 9 = \square$

$10 - 4 = \square$

$8 - 6 = \square$

$10 - 5 = \square$

$9 - 7 = \square$

$10 - 10 = \square$

$10 - 7 = \square$

$10 - 8 = \square$

$10 - 3 = \square$

Kistler/Schneider: Rechnen ohne Stolperstein, Band 2A. Illustrationen: Kristina Klotz

Wie heißt die Rechnung?

Denke an die Plättchen und rechne!

8 − 6 = [ ]	10 − 7 = [ ]	10 − 6 = [ ]
10 − 5 = [ ]	7 − 4 = [ ]	10 − 2 = [ ]
10 − 10 = [ ]	10 − 1 = [ ]	10 − 9 = [ ]
9 − 6 = [ ]	10 − 4 = [ ]	9 − 7 = [ ]
10 − 3 = [ ]	8 − 7 = [ ]	10 − 8 = [ ]

Finde selbst Aufgaben!

10 − [ ] = [ ]	9 − [ ] = [ ]	8 − [ ] = [ ]
10 − [ ] = [ ]	9 − [ ] = [ ]	8 − [ ] = [ ]
10 − [ ] = [ ]	9 − [ ] = [ ]	8 − [ ] = [ ]

Für Spürnasen: Rechne zuerst, finde dann eine passende Aufgabe!

10 − 0 = ☐
10 − 1 = ☐
9 − 1 = ☐
7 − 0 = ☐
☐ − ☐ = ☐

9 − 7 = ☐
10 − 7 = ☐
8 − 4 = ☐
10 − 5 = ☐
☐ − ☐ = ☐

Kettenaufgaben

[7]
10 − 3 − 6 = ☐
☐
8 − 4 − 2 = ☐
☐
10 − 7 − 3 = ☐
☐
9 − 6 − 1 = ☐

☐
10 − 5 − 2 = ☐
☐
10 − 0 − 6 = ☐
☐
7 − 3 − 4 = ☐
☐
10 − 6 − 2 = ☐

Rechne und male richtig an!

0 = weiß
1 = lila
2 = blau
3 = orange
4 = gelb
5 = dunkelgrün
6 = hellgrün
7 = dunkelgrün
8 = rot
9 = braun

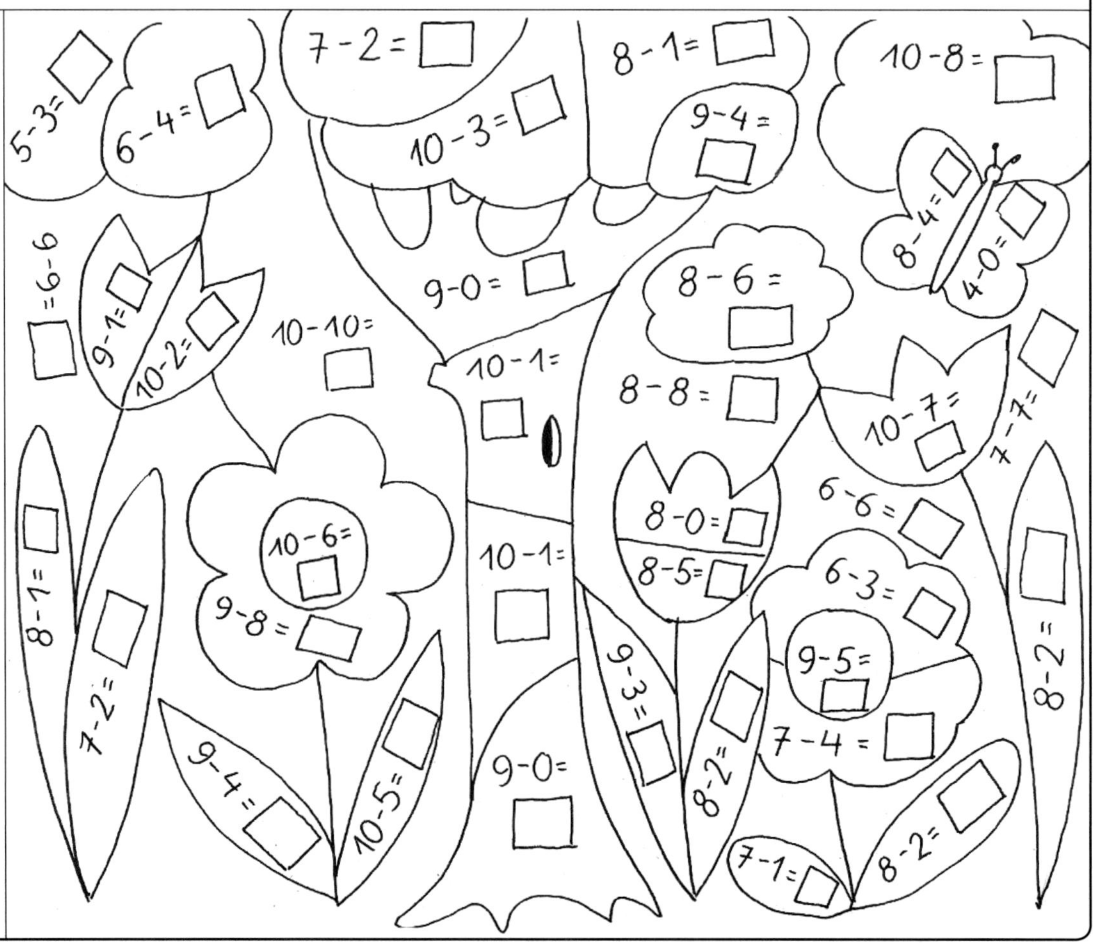

Kistler/Schneider: Rechnen ohne Stolperstein, Band 2A. Illustrationen: Kristina Klotz

Was passiert? Achte auf ⊕ und ⊖ !

$7 + 3 = \square$

$10 - 1 = \square$

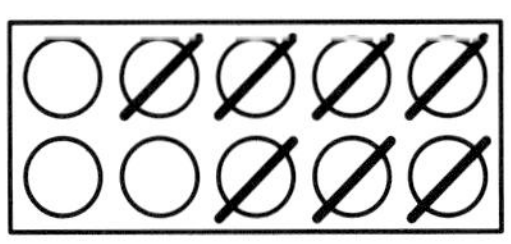

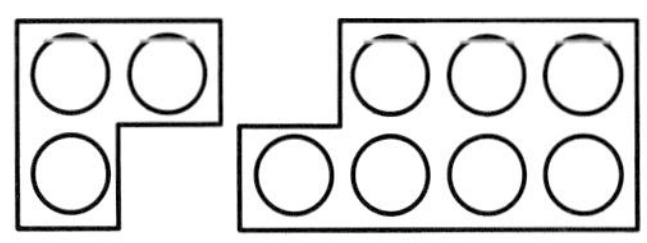

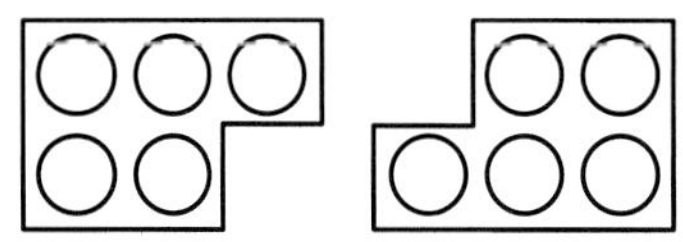

Male die Rechnung!

$4 + 6 = \square$

$10 - 6 = \square$

$10 - 9 = \square$

$2 + 7 = \square$

$3 + 6 = \square$

$2 + 8 = \square$

$9 - 4 = \square$

$10 - 8 = \square$

$10 - 0 = \square$

Dazu oder weg? Rechne!

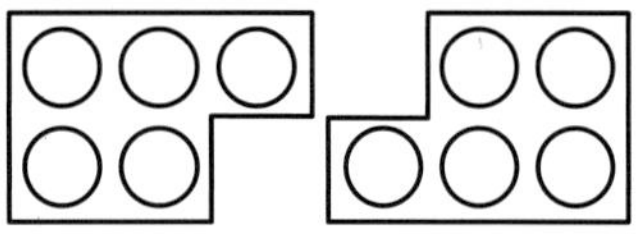

5 + 5 = ☐

10 − 7 = ☐

10 − 8 = ☐

3 + 7 = ☐

10 − 3 = ☐

4 + 6 = ☐

9 − 6 = ☐

0 + 10 = ☐

10 − 2 = ☐

2 + 8 = ☐

1 + 7 = ☐

Kettenaufgaben

2

10 − 8 + 3 = ☐

☐

4 + 3 − 5 = ☐

☐

9 − 6 − 3 = ☐

☐

3 + 2 + 5 = ☐

☐

10 − 4 − 3 = ☐

☐

8 − 7 + 5 = ☐

☐

6 + 4 − 3 = ☐

☐

10 − 6 + 2 = ☐

Häuser-Aufgaben

10 − 9 = ☐	3 + 7 = ☐	10 − 6 = ☐	9 − 7 = ☐
4 + 6 = ☐	10 − 3 = ☐	6 + 4 = ☐	8 + 2 = ☐
4 + 3 = ☐	4 + 4 = ☐	10 − 10 = ☐	10 − 7 = ☐
10 − 4 = ☐	9 − 6 = ☐	1 + 7 = ☐	1 + 9 = ☐
10 + 0 = ☐	0 + 10 = ☐	10 − 5 = ☐	10 − 0 = ☐
5 + 5 = ☐	10 − 1 = ☐	2 + 8 = ☐	10 − 2 = ☐

Zerlege und rechne!

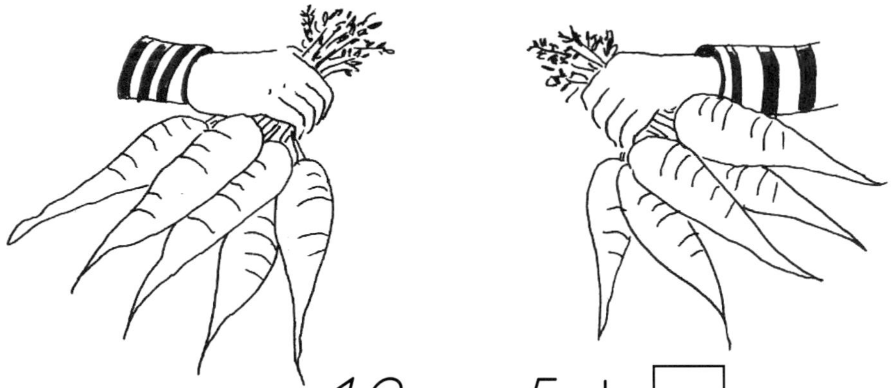

$10 = 5 + \square$

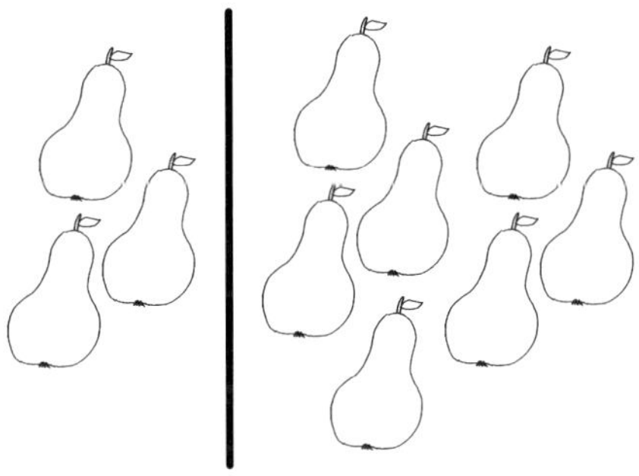

$10 = 3 + \square$

$10 = 6 + \square$

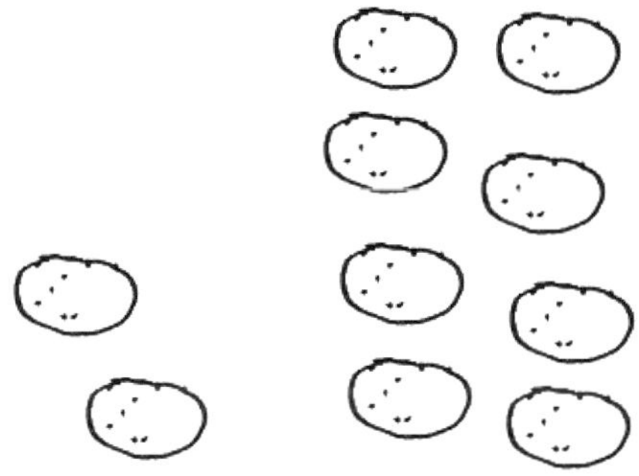

$10 = 2 + \square$

Zerlege und rechne!

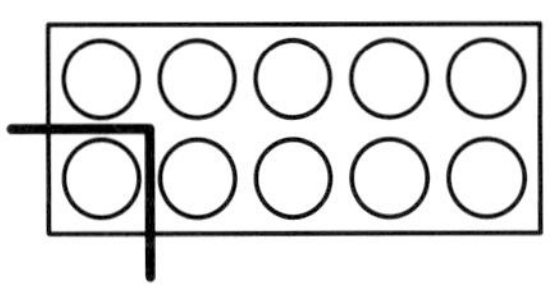

$10 = 1 + \square$

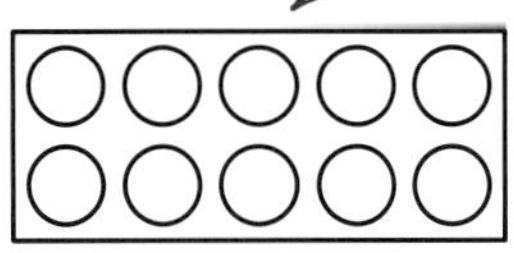

$10 = \square + 3$

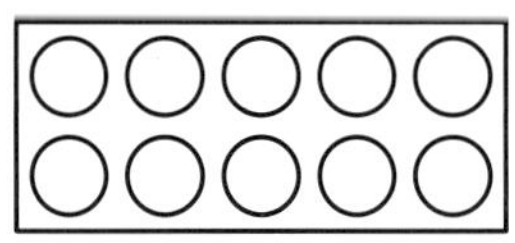

$10 = \square + 5$

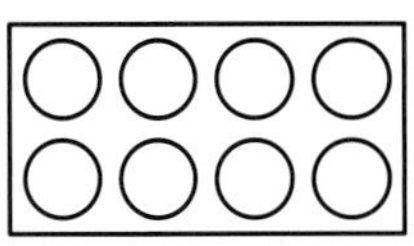

$8 = 2 + \square$

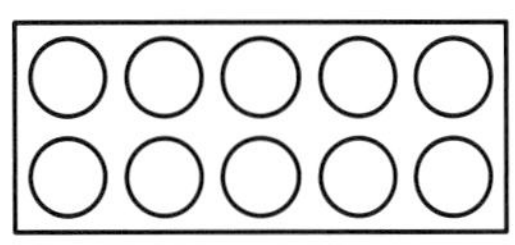

$10 = 0 + \square$

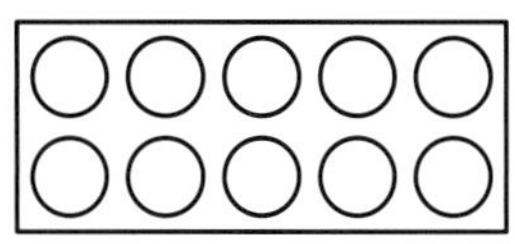

$10 = 4 + \square$

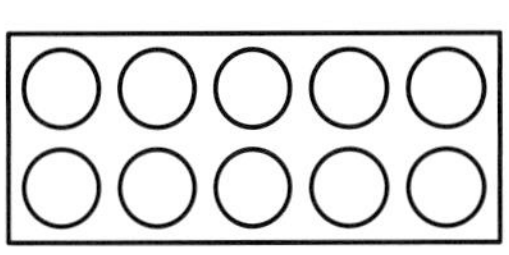

$10 = \square + 7$

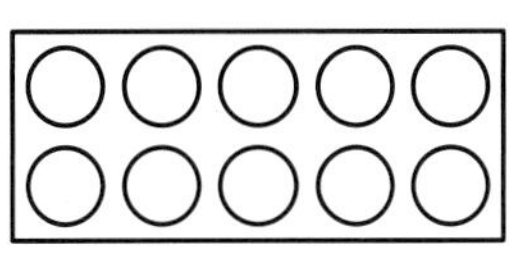

$10 = \square + 1$

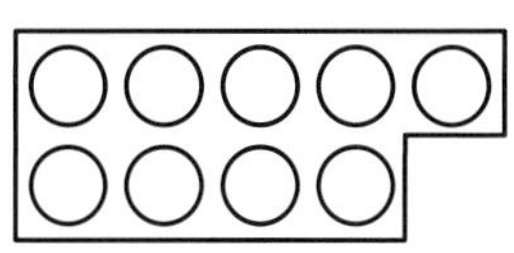

$9 = 6 + \square$

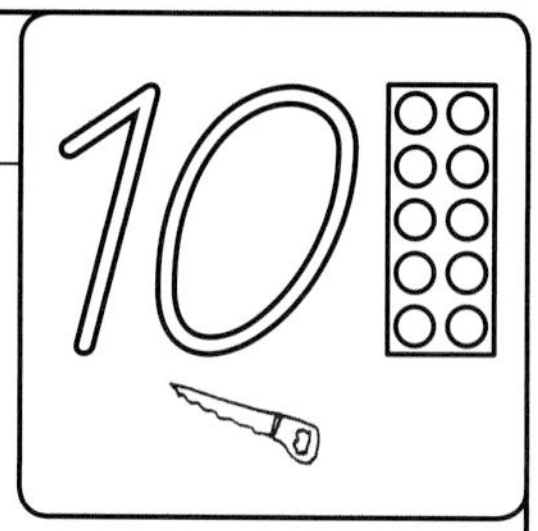

Male die Rechnung!

$10 = \square + 2$	$10 = 9 + \square$	
$9 = 5 + \square$	$10 = \square + 6$	$10 = 5 + \square$
$10 = 3 + \square$	$10 = 6 + \square$	$10 = 4 + \square$

Wie heißt die Rechnung?

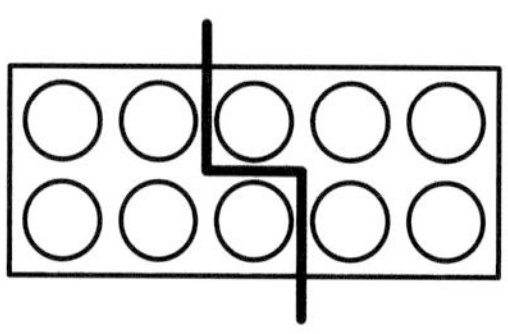 □ ○ □ ○ □	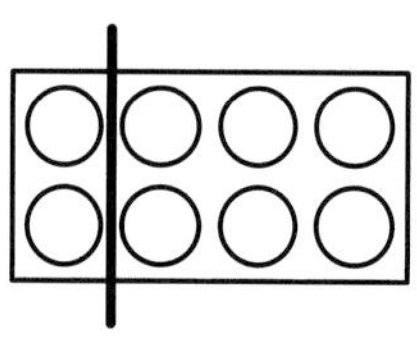 □ ○ □ ○ □	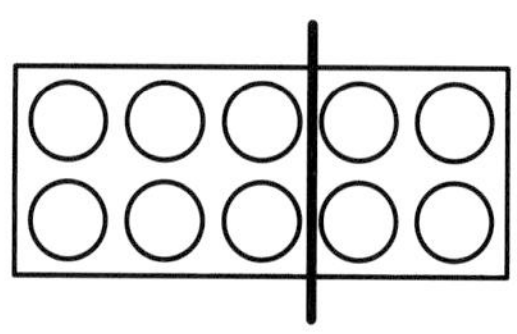 □ ○ □ ○ □
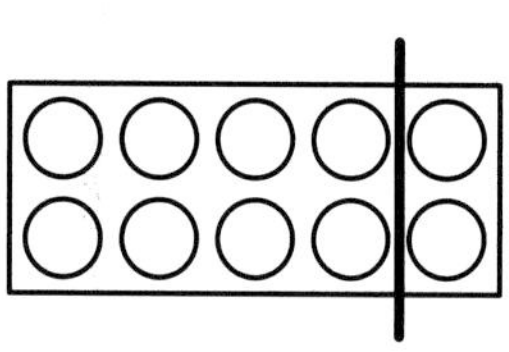 □ ○ □ ○ □	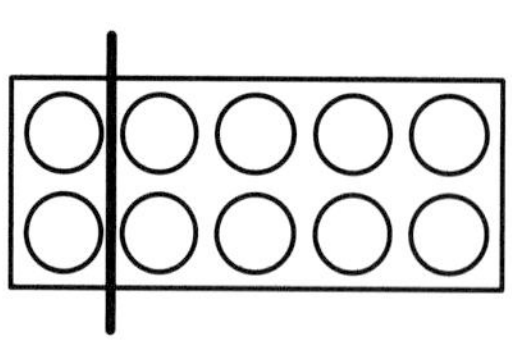 □ ○ □ ○ □	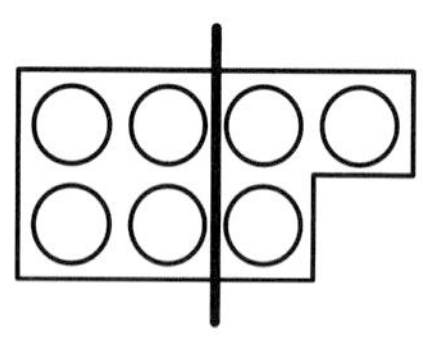 □ ○ □ ○ □
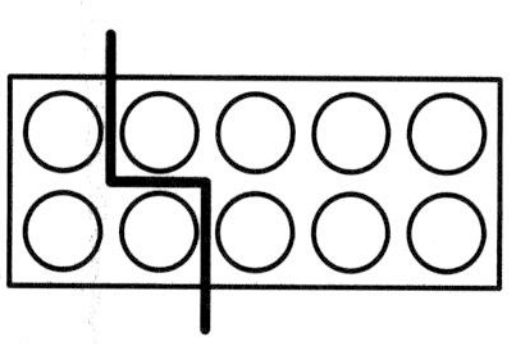 □ ○ □ ○ □	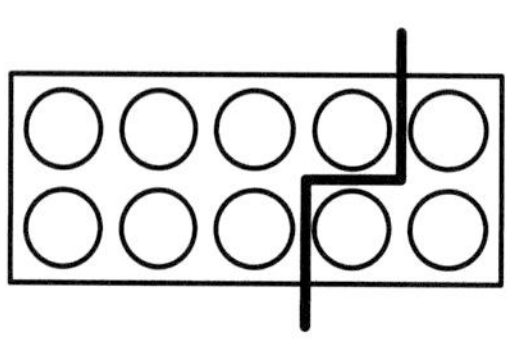 □ ○ □ ○ □	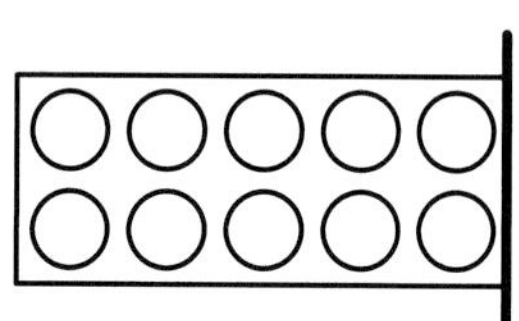 □ ○ □ ○ □

Kistler/Schneider: Rechnen ohne Stolperstein, Band 2A. Illustrationen: Kristina Klotz

Zerlege und rechne!

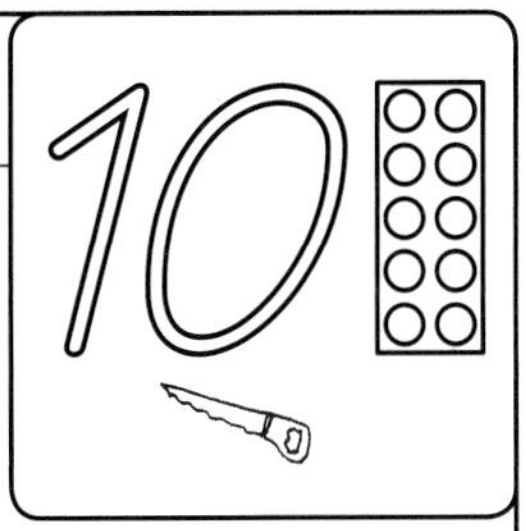

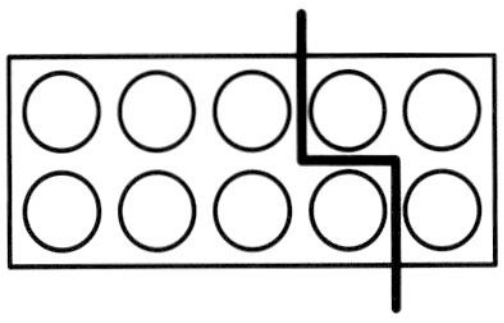

10 = 7 + □

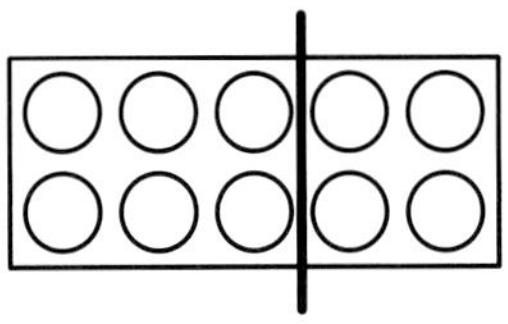

10 = □ + 4

8 = □ + 4	10 = □ + 5	10 = 4 + □
10 = 0 + □	9 = 2 + □	7 = □ + 1
10 = □ + 0	10 = 7 + □	10 = □ + 3
6 = □ + 1	9 = □ + 5	10 = 2 + □
10 = 8 + □	10 = 6 + □	7 = 5 + □
9 = 9 + □	10 = 3 + □	10 = □ + 1
10 = □ + 8	10 = □ + 6	6 = □ + 4
10 = 10 + □	10 = 9 + □	10 = 5 + □

Rechen-Säcke

10 =
2 + □
□ + 1
□ + 3
4 + □
□ + 0
5 + □

8 =
1 + □
□ + 2
□ + 4
5 + □
□ + 6
3 + □

6 =
□ + 0
□ + 2
1 + □
3 + □
□ + 4

9 =
□ + 2
5 + □
1 + □
□ + 3
4 + □
0 + □

7 =
3 + □
5 + □
□ + 1
2 + □
□ + 4

5 =
□ + 0
5 + □
□ + 2
1 + □
3 + □

Was passiert? ⊕, ⊖ oder ?

10 Gemischte Aufgaben

$3 + 7 = \square$

$10 = 1 + \square$

$9 - 4 = \square$

$10 - 6 = \square$

$6 = 2 + \square$

$3 + 5 = \square$

$10 - 4 = \square$

$10 = \square + 7$

Kistler/Schneider: Rechnen ohne Stolperstein, Band 2A. Illustrationen: Kristina Klotz

Wie viele sind versteckt?

10 Gemischte Aufgaben

4	

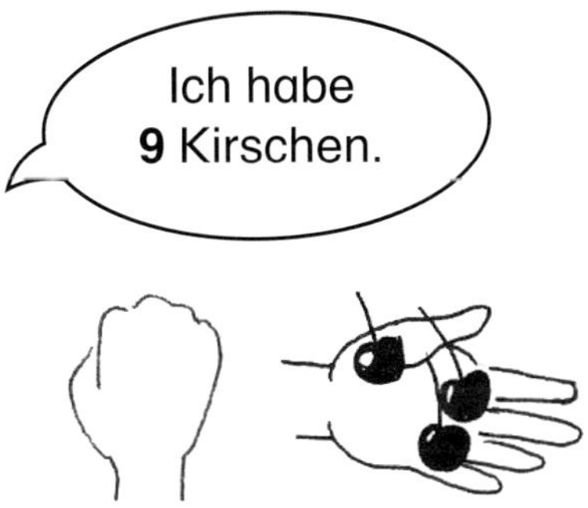

Wie viele Eier sind noch in der Schachtel?

2	

	5

	0

1	

2	

6	

Drei Freundinnen gehören zusammen:

10 Gemischte Aufgaben

9 + 1 = ☐

1 + ☐ = ☐

☐ − ☐ = ☐

☐ − ☐ = ☐

☐ = ☐ + ☐

☐ = ☐ + ☐

☐ + ☐ = ☐

☐ + ☐ = ☐

☐ − ☐ = ☐

☐ − ☐ = ☐

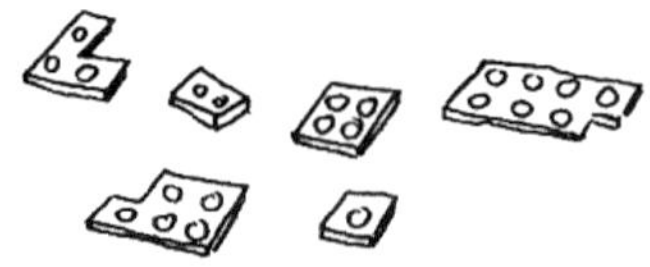

☐ = ☐ + ☐

☐ = ☐ + ☐

Kistler/Schneider: Rechnen ohne Stolperstein, Band 2A. Illustrationen: Kristina Klotz

Drei Freunde gehören zusammen:

10 Gemischte Aufgaben

7 + 3 = □

3 + □ = □

□ − □ = □

□ − □ = □

□ = □ + □

□ = □ + □

□ + □ = □

□ + □ = □

□ − □ = □

□ − □ = □

□ = □ + □

□ = □ + □

10er-Freundinnen: Welche fehlt?

10 Gemischte Aufgaben

$3 + \square = 10$

$\square - 5 = 5$

$\square + 0 = 10$

$\square = 4 + 6$

$10 - 2 = \square$

$10 = \square + 1$

$10 - \square = 1$

$4 + 6 = \square$

$5 + 5 = \square$

$2 + \square = 10$

$\square - 7 = 3$

$\square + 8 = 10$

$\square = 3 + 7$

$2 + \square = 10$

Drei Freunde: Welcher fehlt?

$3 + \square = 9$

$\square - 5 = 3$

$\square + 0 = 7$

$\square = 4 + 6$

$6 - 2 = \square$

$5 = \square + 1$

$4 - \square = 1$

$3 + 7 = \square$

$10 = 2 + \square$

$5 + \square = 8$

$\square - 4 = 4$

$\square + 4 = 7$

$\square = 2 + 4$

$10 - 5 = \square$

Kistler/Schneider: Rechnen ohne Stolperstein, Band 2A. Illustrationen: Kristina Klotz

Die drei Freundinnen helfen dir!

10 Gemischte Aufgaben

2 + 8 = □	□ − 5 = 5	
7 = 4 + □	10 − 6 = □	
3 + □ = 9	□ − 6 = 4	
10 − 4 = □	4 + □ = 8	
8 − 6 = □	4 + □ = 9	9 − 6 = □
5 + □ = 10	8 + 2 = □	10 = □ + 2
10 − 8 = □	8 = 3 + □	3 + □ = 7
10 = 4 + □	10 − 2 = □	3 + 7 = □
1 + 8 = □	7 + 2 = □	7 + □ = 10

Rechne und male richtig an!

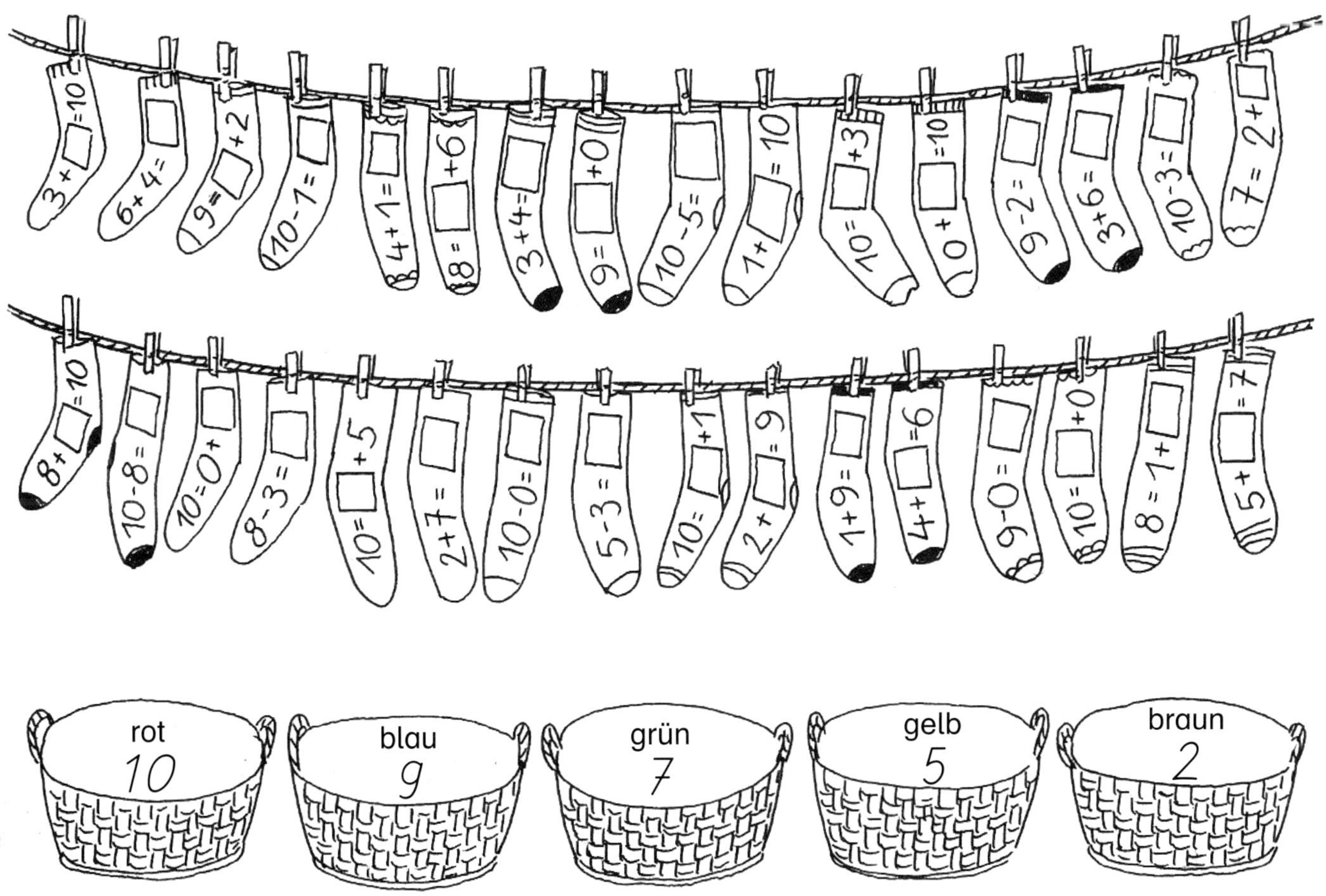

Verdoppeln

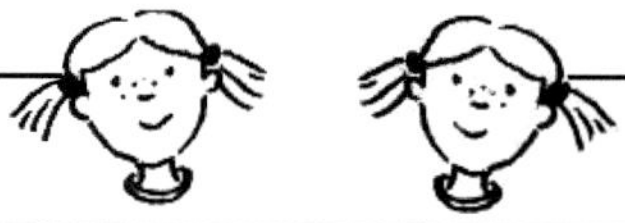

10 Gemischte Aufgaben

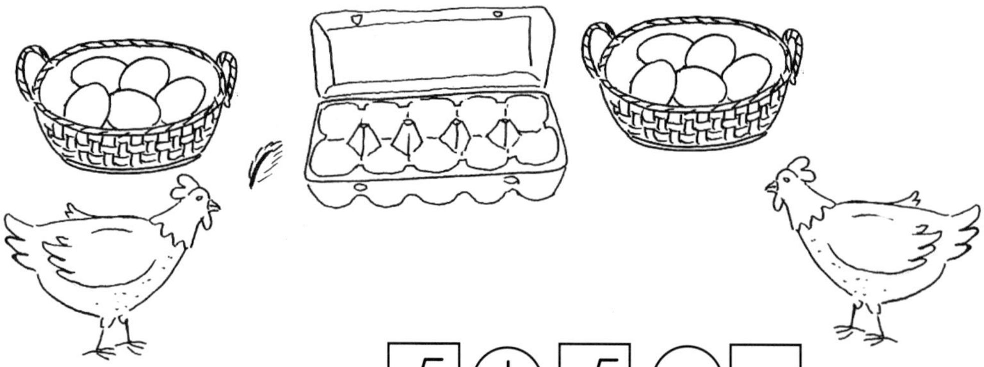

$5 + 5 = \square$

$2 + \square = \square$

$0 + \square = \square$

$3 + \square = \square$

$4 + \square = \square$

$1 + \square = \square$

$5 + \square = \square$

Halbieren

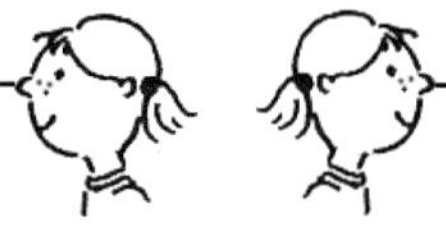

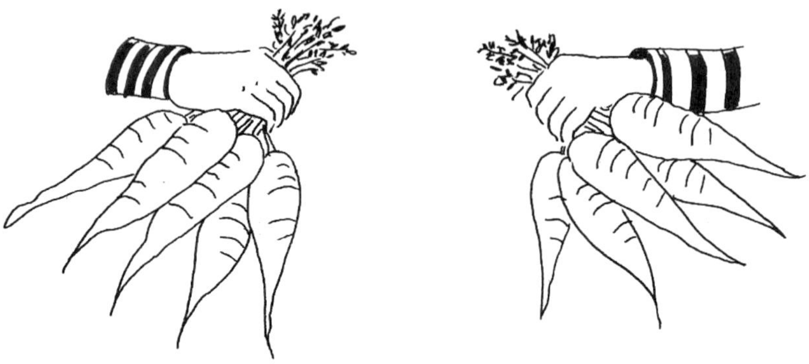

$8 = \square + \square$

$6 = \square + \square$

$0 = \square + \square$

$10 = \square + \square$

$4 = \square + \square$

$2 = \square + \square$

$8 = \square + \square$

Kistler/Schneider: Rechnen ohne Stolperstein, Band 2A. Illustrationen: Kristina Klotz

Tauschaufgaben

10 Gemischte Aufgaben

3 ⊕ 7 ⊜ □

7 ⊕ 3 ⊜ □

8 + 2 = □
5 + 5 = □
4 + 5 = □
6 + 4 = □

□ ○ □ ○ □
□ ○ □ ○ □
□ ○ □ ○ □
□ ○ □ ○ □

Umkehraufgaben

□ ○ □ ○ □

□ ○ □ ○ □

10 ⊖ 1 ⊜ □
10 ⊖ 4 ⊜ □
10 ⊖ 0 ⊜ □
10 ⊖ 3 ⊜ □

□ ⊕ □ ⊜ □
□ ○ □ ○ □
□ ○ □ ○ □
□ ○ □ ○ □

Rechengeschichten

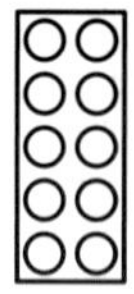
10
Gemischte Aufgaben

Auf der Weide grasen 5 Kühe.
Auch 3 Pferde dürfen auf die Weide.
Wie viele Tiere sind jetzt auf der Weide?

Wir rechnen: ☐ ○ ☐ ○ ☐

Wir antworten: ____________________

____

10 Enten schwimmen auf dem Teich.
3 Enten watscheln dann davon.
Wie viele Enten bleiben im Teich?

Wir rechnen: ☐ ○ ☐ ○ ☐

Wir antworten: ____________________

____

9 Säcke stehen auf dem Wagen.
Die Bäuerin trägt 2 Säcke in die Scheune.
Wie viele Säcke stehen jetzt auf dem Wagen?

Wir rechnen: ☐ ○ ☐ ○ ☐

Wir antworten: ____________________

____

6 Hennen sitzen schon auf der Stange.
Der Hahn und 3 Hennen kommen dazu.
Wie viele Tiere sitzen jetzt auf der Stange?

Wir rechnen: ☐ ○ ☐ ○ ☐ ○ ☐

Wir antworten: ____________________

____